广西农作物种质资源

丛书主编 邓国富

甘蔗卷

吴建明 段维兴 张保青 等 著

科学出版社

北 京

内 容 简 介

本书概述了广西甘蔗种质资源的分布、类型、特色，以及广西农业科学院甘蔗研究所在甘蔗资源收集、保存、鉴定和评价等方面的工作。本书收录了 240 份割手密资源、80 份斑茅资源、25 份河八王资源、5 份芒资源和 5 份果蔗资源，图文并茂，展示了每份资源的形态特征，并详细介绍了它们的采集地、类型及分布、特征特性和利用价值。

本书主要面向从事甘蔗种质资源保护、研究和利用的科技工作者，大专院校师生，农业管理部门工作者及甘蔗种植和加工人员等，旨在提供广西甘蔗种质资源的有关信息，促进甘蔗种质资源的有效保护和可持续利用。

图书在版编目（CIP）数据

广西农作物种质资源 . 甘蔗卷 / 吴建明等著 . —北京：科学出版社，2020.6

　ISBN 978-7-03-064983-6

　Ⅰ．①广…　Ⅱ．①吴…　Ⅲ．①甘蔗－种质资源－广西　Ⅳ．①S32

中国版本图书馆 CIP 数据核字（2020）第 072891 号

责任编辑：陈　新　田明霞 / 责任校对：郑金红
责任印制：肖　兴 / 封面设计：金舵手世纪

科 学 出 版 社 出版
北京东黄城根北街16号
邮政编码：100717
http://www.sciencep.com

北京九天鸿程印刷有限责任公司 印刷
科学出版社发行　各地新华书店经销

*

2020年6月第 一 版　开本：787×1092　1/16
2020年6月第一次印刷　印张：16 3/4
字数：394 000

定价：268.00元
（如有印装质量问题，我社负责调换）

本书著者名单

主要著者

吴建明　段维兴　张保青　杨翠芳　周　珊

其他著者

杨荣仲　唐仕云　谭　芳　周　会　张革民
丘立杭　邓宇驰　黄玉新　吴凯朝　周忠凤
高轶静　王泽平　雷敬超　经　艳　韦金菊
贤　武　陈忠良　林善海　黄　杏　刘俊仙
罗　霆　刘丽敏　李毅杰　陈荣发　黄海荣
宋修鹏　商显坤　王艳萍　刘洪博　毛　钧

Foreword 丛 书 序

　　农作物种质资源是农业科技原始创新、现代种业发展的物质基础，是保障粮食安全、建设生态文明、支持农业可持续发展的战略性资源。近年来，随着自然环境、种植业结构和土地经营方式等的变化，大量地方品种迅速消失，作物野生近缘植物资源急剧减少。因此，农业部（现称农业农村部）于 2015 年启动了"第三次全国农作物种质资源普查与收集行动"，以查清我国农作物种质资源本底，并开展种质资源的抢救性收集。

　　广西壮族自治区（后简称广西）是首批启动"第三次全国农作物种质资源普查与收集行动"的省（区、市）之一，完成了 75 个县（市）农作物种质资源的全面普查，以及 22 个县（市、区）农作物种质资源的系统调查和抢救性收集，基本查清了广西农作物种质资源的基本情况，结合广西创新驱动发展专项"广西农作物种质资源收集鉴定与保存"，收集各类农作物种质资源 2 万余份，开展了系统的鉴定评价，筛选出一批优异的农作物种质资源，进一步丰富了我国农作物种质资源的战略储备。

　　在此基础上，广西农业科学院系统梳理和总结了广西农作物种质资源工作，组织全院科技人员编撰了"广西农作物种质资源"丛书。丛书详细介绍了广西农作物种质资源的基本情况、优异资源及创新利用等情况，是广西开展"第三次全国农作物种质资源普查与收集行动"和实施广西创新驱动发展专项"广西农作物种质资源收集鉴定与保存"的重要成果，对于更好地保护与利用广西的农作物种质资源具有重要意义。

　　值此丛书脱稿之际，作此序，表示祝贺，希望广西进一步加强农作物种质资源保护，深入推动种质资源共享利用，为广西现代种业发展和乡村振兴做出更大的贡献。

中国工程院院士 刘旭

2019 年 9 月

广西地处我国南疆,属亚热带季风气候区,雨水丰沛,光照充足,自然条件优越,生物多样性水平居全国前列,其生物资源具有数量多、分布广、特异性突出等特点,是水稻、玉米、甘蔗、大豆、热带果树、蔬菜、食用菌、花卉等种质资源的重要分布地和区域多样性中心。

为全面、系统地保护优异的农作物种质资源,广西积极开展农作物种质资源普查与收集工作。在国家有关部门的统筹安排下,广西先后于1955～1958年、1983～1985年、2015～2019年开展了第一次、第二次、第三次全国农作物种质资源普查与收集行动,还于1978～1980年、1991～1995年、2008～2010年分别开展了广西野生稻、桂西山区、沿海地区等单一作物或区域性的农作物种质资源考察与收集行动。

广西农业科学院是广西农作物种质资源收集、保护与创新利用工作的牵头单位,种质资源收集与保存工作成效显著,为国家农作物种质资源的保护和创新利用做出了重要贡献。经过一代又一代种质资源科技工作者的不懈努力,全院目前拥有野生稻、花生等国家种质资源圃2个,甘蔗、龙眼、荔枝、淮山、火龙果、番石榴、杨桃等省部级种质资源圃7个,保存农作物种质资源及相关材料8万余份,其中野生稻种质资源约占全国保存总量的1/2、栽培稻种质资源约占全国保存总量的1/6、甘蔗种质资源约占全国保存总量的1/2、糯玉米种质资源约占全国保存总量的1/3。通过创新利用这些珍贵的种质资源,广西农业科学院创制了一批在科研、生产上发挥了巨大作用的新材料、新品种,例如:利用广西农家品种“矮仔占”培育了第一个以杂交育种方法育成的矮秆水稻品种,引发了水稻的第一次绿色革命——矮秆育种;广西选育的桂99是我国第一个利用广西田东普通野生稻育成的恢复系,是国内应用面积最大的水稻恢复系之一;创制了广西首个被农业部列为玉米生产主导品种的桂单0810、广西第一个通过国家审定的糯玉米品种——桂糯518,桂糯518现已成为广西乃至我国糯玉米育种史上的标志性品种;利用收集引进的资源还创制了我国种植比例和累计推广面积最大的自育甘蔗品种——桂糖11号、桂糖42号(当前种植面积最大);培育了一大批深受市场欢迎的水果、蔬菜特色品种,从钦州荔枝实生资源中选育出了我国第一个国审荔枝新品种——贵妃红,利用梧州青皮冬瓜、北海粉皮冬瓜等育成了“桂蔬”系列黑皮冬瓜(在华南地区市场占有率达60%以上)。1981年建成的广西农业科学院种质资源库是我国第一座现代化农作物种质资源库，是广西乃至我国农作物种质资源保护和创新利用的重要平台。这些珍贵的种质资源和重要的种质创新平台为推动我国种质创新、提高生物育种效率发挥了重要作用。

广西是 2015 年首批启动"第三次全国农作物种质资源普查与收集行动"的 4 个省（区、市）之一，圆满完成了 75 个县（市）主要农作物种质资源的普查征集，全面完成了 22 个县（市、区）农作物种质资源的系统调查和抢救性收集。在此基础上，广西壮族自治区人民政府于 2017 年启动广西创新驱动发展专项"广西农作物种质资源收集鉴定与保存"（桂科 AA17204045），首次实现广西农作物种质资源收集区域、收集种类和生态类型的 3 个全覆盖，是广西目前最全面、最系统、最深入的农作物种质资源收集与保护行动。通过普查行动和专项的实施，广西农业科学院收集水稻、玉米、甘蔗、大豆、果树、蔬菜、食用菌、花卉等涵盖 22 科 51 属 80 种的种质资源 2 万余份，发现了 1 个兰花新种和 3 个兰花新记录种，明确了贵州地宝兰、华东葡萄、灌阳野生大豆、弄岗野生龙眼等新的分布区，这些资源对研究物种起源与进化具有重要意义，为种质资源的挖掘利用和新材料、新品种的精准创制奠定了坚实的基础。

为系统梳理"第三次全国农作物种质资源普查与收集行动"和"广西农作物种质资源收集鉴定与保存"的项目成果，全面总结广西农作物种质资源收集、鉴定和评价工作，为种质资源创新和农作物育种工作者提供翔实的优异农作物种质资源基础信息，推动农作物种质资源的收集保护和共享利用，广西农业科学院组织全院 20 个专业研究所 200 余名专家编写了"广西农作物种质资源"丛书。丛书全套共 12 卷，分别是《水稻卷》《玉米卷》《甘蔗卷》《果树卷》《蔬菜卷》《花生卷》《大豆卷》《薯类作物卷》《杂粮卷》《食用豆类作物卷》《花卉卷》《食用菌卷》。丛书系统总结了广西农业科学院在农作物种质资源收集、保存、鉴定和评价等方面的工作，分别概述了水稻、玉米、甘蔗等广西主要农作物种质资源的分布、类型、特色、演变规律等，图文并茂地展示了主要农作物种质资源，并详细描述了它们的采集地、主要特征特性、优异性状及利用价值，是一套综合性的种质资源图书。

在种质资源收集、鉴定、入库和丛书编撰过程中，农业农村部特别是中国农业科学院等单位领导和专家给予了大力支持和指导。丛书出版得到了"第三次全国农作物种质资源普查与收集行动"和"广西农作物种质资源收集鉴定与保存"的经费支持。中国工程院院士、著名植物种质资源学家刘旭先生还专门为丛书作序。在此，一并致以诚挚的谢意。

广西农业科学院院长

2019 年 9 月

Contents 目 录

第一章　概述 ……………………………………1

第一节　甘蔗种质资源的植物学分类……………2
第二节　广西甘蔗种质资源基本情况……………3

第二章　广西甘蔗种质资源 …………………9

第一节　割手密资源………………………………10
第二节　斑茅资源…………………………………170
第三节　河八王资源………………………………223
第四节　芒资源……………………………………240
第五节　果蔗资源…………………………………243

参考文献 …………………………………………247
索引 ………………………………………………248

第一章 概　述

广西位于我国南部，地跨南亚热带和中亚热带，北回归线横贯其中部，属亚热带季风气候区，气候温暖，雨水丰沛，光照充足，无霜期长，而且温光雨同季，三者相互配合，非常有利于甘蔗的生长和糖分积累，适宜种植糖料作物（覃蔚谦，1995）。甘蔗是广西最主要的经济作物之一，2017~2018 年榨季甘蔗种植面积为77.33 万 hm²，占全国糖料作物种植面积的 54.56%；甘蔗平均单产约 73.20t/hm²；糖料蔗入榨量 5083 万 t；食糖产量为 602.5 万 t，占全国食糖产量的 58.44%（刘晓雪和王新超，2018）。

甘蔗是热带作物，原产于热带和亚热带地区。广西属亚热带气候，种蔗的自然资源条件优越，种蔗制糖已有 2000 多年的悠久历史，甘蔗资源丰富，是我国甘蔗原产地之一。传统种植的甘蔗原种有中国竹蔗、宜山腊蔗、柳州东泉果蔗、荔浦果蔗、桂林五通蔗、龙州果蔗等十几个栽培种（诸葛莹等，1989）。甘蔗及其近缘属野生资源有甘蔗属的割手密、蔗茅属的斑茅、河八王属的河八王、芒属的五节芒和芒等，这造就了广西丰富多样的甘蔗栽培品种资源和野生种质资源。

种质资源是甘蔗育种的物质基础。甘蔗品种的改良，以热带种为基础，通过有性杂交育种手段引入野生种血缘、拓宽遗传基础，从而实现甘蔗产量的提高和抗性的增强。广西一直非常重视甘蔗种质资源的调查、收集和创新研究工作，自 20 世纪 50 年代至今，广西农业科学院甘蔗研究所开展了 3 次不同规模的甘蔗种质资源调查与收集工作，共收集了甘蔗及其近缘属野生种质资源 1320 份。2017~2018 年对收集的 650 份甘蔗种质资源进行鉴定评价，本书收录了其中 355 份优异资源，包括割手密 240 份、斑茅 80 份、河八王 25 份、芒 5 份和果蔗 5 份。书中从采集地、类型及分布、特征特性（鉴定数据为 3 次重复测定的平均值）及利用价值方面对甘蔗资源进行描述，以期为甘蔗新品种选育和挖掘新基因创新甘蔗种质，以及发展当地甘蔗产业提供重要参考。

第一节　甘蔗种质资源的植物学分类

甘蔗属及其近缘属植物分类如图 1-1（Daniels and Roach，1987；于慧和赵南先，2004）所示。甘蔗育种中，把甘蔗属和与其亲缘关系较近且与甘蔗育种关系较大的近缘属植物蔗茅属、硬穗茅属、河八王属、芒属一起合称为"甘蔗属复合体（*Saccharum complex*）"。

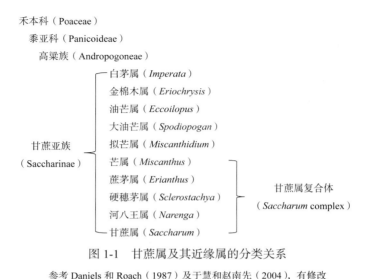

图 1-1 甘蔗属及其近缘属的分类关系

参考 Daniels 和 Roach（1987）及于慧和赵南先（2004），有修改

第二节 广西甘蔗种质资源基本情况

一、甘蔗种质资源的收集鉴定与保存

2015～2019 年在实施农业部"第三次全国农作物种质资源普查与收集行动"和广西创新驱动发展专项"广西农作物种质资源收集鉴定与保存"期间，完成了广西 13 个地级市 51 个县（市、区）的甘蔗种质资源系统调查与收集工作，共收集到甘蔗种质资源 1014 份，鉴定评价 650 份，提交国家甘蔗种质资源圃（云南开远）保存 350 份。

目前，广西经整理进入国家甘蔗种质资源圃（云南开远）的材料达 500 多份，包含广西农业科学院甘蔗研究所选育的桂糖系列品种（系）和甘蔗及其近缘属野生资源割手密、斑茅、芒、河八王等资源类型。广西保存的甘蔗种质资源蕴藏着丰富的高产、高糖、抗病性、抗逆性等特异资源和特色种质，为国内甘蔗育种机构提供了优异的基因资源。

2010 年开始，对收集保存的甘蔗资源进行了主要形态特征和抗性鉴定，构建了甘蔗种质资源核心种质库，建立了包含 26 项性状的甘蔗资源数据库，包括芽型、茎色等 15 项表型特征数据，蔗糖分、纤维分含量等 5 项品质相关性状，单茎重等 3 项产量相关性状，黑穗病抗性等 3 项抗病性状。

二、甘蔗种质资源的类型与分布

广西保存的甘蔗资源类型丰富，2017年广西农业科学院甘蔗种质资源圃纳入国家作物种质资源数据中心观测监测站，圃内目前保存有甘蔗属、蔗茅属、河八王属、芒属的11个种甘蔗资源材料2560份，创新种质200份，是目前广西规模最大、保存数量最多、种属最丰富的甘蔗资源保存和研究基地。

在2015～2018年收集获得的694份甘蔗种质资源中，甘蔗属资源493份（割手密482份、果蔗11份），蔗茅属的斑茅142份，河八王属的河八王27份，芒属资源32份（芒26份、五节芒6份）。在桂林市的7个县（市、区）收集获得甘蔗种质资源165份，占23.78%；在河池市的7个县（市、区）收集获得甘蔗种质资源118份，占17.00%；在柳州市的5个县（市、区）收集获得甘蔗种质资源110份，占15.85%；在百色市的5个县（市、区）收集获得甘蔗种质资源92份，占13.26%；在贺州市的2个县（市、区）收集获得甘蔗种质资源54份，占7.78%；在崇左市的3个县（市、区）收集获得甘蔗种质资源48份，占6.92%；在梧州市岑溪市收集获得甘蔗种质资源35份，占5.04%；在防城港市上思县收集获得甘蔗种质资源28份，占4.03%。上述8个地级市的31个县（市、区）共收集获得甘蔗种质资源650份，占收集种质资源总数的93.66%。南宁市、北海市和钦州市只收集获得甘蔗种质资源44份。

割手密（*Saccharum spontaneum*）属于甘蔗属（*Saccharum*），又称细茎野生种。在广西各地均有分布，常见于河流、溪涧旷野、河滩旁、田埂边；根系发达，耐瘠，耐旱，早生快发，分蘖多，生势强，抗逆性强，宿根性强，早熟，纤维多，早花易花，是甘蔗有性杂交育种中最重要的野生资源（李杨瑞，2010；吴才文等，2014）。在鉴定的482份割手密中，锤度的变化范围为4.0%～18.5%，株高的变化范围为42～303cm，茎径的变化范围为0.24～1.36cm，锤度在15%以上的有27份；可作为甘蔗亲本，用于杂交选育高糖、强分蘖、强宿根的材料。

斑茅[①]（*Erianthus arundinaceum*）属于蔗茅属（*Erianthus*），别名大密、芒草、片茅。在广西各地均有分布，常见于涧旁、岩石旱坡地或公路旁，丛生。多年生草本，无根茎，57号毛群发达，高大粗壮，生长直立，抗旱耐涝，抗病虫性强，宿根性强，分蘖多，生长快，有较强的生态竞争能力，适应性广。它比割手密更耐旱，在干燥的石崖缝中也能生长（彭绍光，1990；何顺长等，1994）。在鉴定的96份斑茅中，锤

[①] 关于斑茅的分类地位，在国内还存有争议，《中国植物志》将其列入甘蔗属（*Saccharum*），而 *Erianthus arundinaceum* 是斑茅的异名。国外较一致的意见是将斑茅归为蔗茅属（*Erianthus*）。根据最新的研究（庄南生等，2005；刘新龙等，2010；张建波等，2016），基于分子标记技术，斑茅与甘蔗属的亲缘关系较远，而与蔗茅属亲缘关系近

度的变化范围为 2.0%～13.2%，株高的变化范围为 36～514cm，茎径的变化范围为 0.56～1.89cm；可作为甘蔗亲本，用于高产、耐旱、强分蘖材料的选育。

河八王（*Narenga porphyrocoma*）属于河八王属（*Narenga*），又称草鞋密。在广西融安县、鹿寨县、永福县和富川瑶族自治县等桂中偏北地区分布。适宜生长于树林边缘、河岸旁和山地瘦瘠红壤地区。通常高型种沿河生长，矮型种生长于山坡地酸性土上。具有耐旱、粗生、早熟、分蘖力强、抗黑穗病、抗赤腐病等优良性状（张木清等，2006）。在鉴定的 27 份河八王中，锤度的变化范围为 4.0%～17.4%，株高的变化范围为 82～252cm，茎径的变化范围为 0.38～1.28cm。河八王是抗黑穗病良好的基因源材料，可作为甘蔗亲本，用于抗黑穗病、强分蘖材料的选育。

芒（*Miscanthus sinensis*）属于芒属（*Miscanthus*），别名荻。在广西各地均有分布，适宜生长在河岸边或公路旁。多年生，高大草本植物，直立，有根状茎，茎秆充满白色软髓。具有抗旱耐涝、宿根性强、抗病虫性强、适应性广等特性（彭绍光，1990；张木清等，2006）。在鉴定的 30 份芒中，锤度的变化范围为 4.0%～15.0%，株高的变化范围为 78～416cm，茎径的变化范围为 0.52～1.68cm，其中株高在 3m 以上的材料有 4 份；可作为甘蔗亲本，用于高产、强适应性材料的选育。

果蔗属于甘蔗属（*Saccharum*）的热带种（*Saccharum officinarum*）原种或者热带种的杂交后代。在广西部分地区种植，适宜高温多雨地区栽培。热带种，多年生，茎秆直立，叶片宽而长，芽大且卵形多样，有芽沟，具有产量高、糖分高、纤维少等优点（李杨瑞，2010）。在鉴定的 11 份果蔗中，锤度的变化范围为 16.4%～19.5%，株高的变化范围为 198～316cm，茎径的变化范围为 3.02～4.19cm；可用作甘蔗育种亲本，用于高产、高糖、大茎材料的选育。

三、甘蔗种质资源的特性与应用

现代甘蔗栽培品种都是为数不多的甘蔗属热带种（*Saccharum officinarum*）、割手密、印度种（*Saccharum barberi*）的杂交后代，少部分还含有大茎野生种（*Saccharum robustum*）、中国种（*Saccharum sinense*）的血缘，由于所使用的种质资源数量不多，遗传基础狭窄，限制了品种的商业性状、抗病性及适用性的持续提高（Grivet et al.，2004）。因此，世界各国的甘蔗育种机构都十分重视对种质资源的收集、保存、研究和利用。

热带种属于甘蔗属，$2n=80$，是现代甘蔗品种商业性状和黑穗病抗性的重要来源，具有植株高大、中大茎、长势旺盛、产量高、糖分高、纤维含量少、蔗汁多等优良性状，但分蘖力弱，根系不发达，易感染病虫害、抗旱抗寒能力差。在甘蔗育种中做出重要贡献的热带种有拔地拉（Badila）、班扎马新黑潭（Bandjarmasin Hitan）、黑车利本（Black Cheribon）、克里斯塔林娜（Crystalina）、路打士（Loethers）、条纹毛里求斯（Mauritius）和卡路打布挺（Kaludai Boothan）等，目前世界各国的主栽品种均含有上述多个品种的血缘（吴才文等，2014）。甘蔗热带种目前杂交利用的很少，随着分子生物技术和花期诱导技术的提高，加强热带种资源的收集、鉴定评价和杂交利用，能有效拓宽现代甘蔗品种的遗传基础，提高甘蔗产量、糖分等商业性状。

在甘蔗属内野生种的杂交利用方面，研究最多的是割手密。割手密为现代甘蔗品种重要的野生亲本，其血缘占现代甘蔗品种血缘的 10%～20%，是品种抗逆和适应性基因的主要供体亲本。割手密是复杂的多倍体植物，染色体基数 $x=8$，广西割手密染色体类型主要有 $2n=64$、80、88、104，以 $2n=80$ 为主；割手密具有早花易花、耐旱耐瘠、宿根性强的特点，对萎缩病、根腐病、赤腐病、嵌纹病免疫，与甘蔗杂交结实率高，是甘蔗育种中最重要的野生种质之一（李杨瑞，2010），对甘蔗育种具有十分重要的作用。20 世纪 80 年代，广西农业科学院甘蔗研究所利用 Co419（印度割手密 BC_2 和爪哇割手密 BC_3 的杂交后代）与 CP49-50 杂交育成了桂糖 11 号，在国内累计推广面积达 400 万 hm^2（诸葛莹等，1989）。广州甘蔗糖业研究所海南甘蔗育种场利用陵水割手密、崖城割手密选育出了崖城 84-153、崖城 90-33 等一批重要亲本及高代材料（张木清等，2006）。

在甘蔗近缘属野生种质杂交利用方面，主要利用的有蔗茅属、河八王属、芒属。蔗茅属约有 20 个种，广西主要有斑茅。有 $2n=20$、40、60 三种染色体类型，具有高大粗壮、丛生性好、萌芽力强、分蘖多、生势强、宿根性强、适应性广、抗逆性强、抗病虫性强等有益性状（沈万宽，2002）。斑茅是近 20 年来甘蔗野生种质基因资源发掘利用的热点，广州甘蔗糖业研究所海南甘蔗育种场、广西农业科学院甘蔗研究所和云南省农业科学院甘蔗研究所先后开展了杂交种×斑茅、热带种×斑茅、中国种×斑茅、大茎野生种×斑茅的研究。研究结果表明：热带种×斑茅较栽培种×斑茅易取得批量实生苗，易获得斑茅真杂种，而栽培种更适合作为回交亲本；斑茅 BC_1 代会产生花粉量多且发育良好的父本材料，基本上消除了与栽培种间杂交不亲和的现象，说明利用斑茅培育新品种的可能性进一步增大；斑茅后代能稳定遗传其生势强的优良性状，随着回交代数的增加，锤度会升高、蒲心会减轻（吴才文等，2014）。近年来，广西农业科学院甘蔗研究所利用蔗茅属斑茅（GXA87-36，$2n=60$）与甘蔗属割手密（GXS79-9，$2n=64$）进行杂交，获得了斑茅割手密复合体后代材料 GXAS 07-6-1（$2n=62$），GXAS 07-6-1 再与甘蔗杂交获得了一批经分子标记鉴定为真杂种且表现优良的 BC_1 和 BC_2 代育种新材料（黄玉新等，2017，2018）。

河八王属有河八王和金猫尾（*Narenga fallax*）两个种，在甘蔗育种上的杂交利用仅前者有报道。河八王具有早熟且花粉量大、耐旱耐瘠、分蘖力强、直立抗倒、抗黑穗病和花叶病等优良性状，是甘蔗育种中优良的抗性基因源。广西农业科学院甘蔗研究所利用甘蔗品系（桂糖 05-3256）作母本、广西河八王作父本，通过远缘杂交，获得了一批高抗黑穗病的 F_1、BC_1、BC_2 代育种新材料（段维兴等，2017，2018）。

芒属在我国分布有 6 种，广西主要有芒和五节芒（*Miscanthus floridulus*）两种。目前研究较多的是五节芒，五节芒具有耐旱耐瘠、纤维含量高、宿根性强、抗病性强等优良性状。广西农业科学院甘蔗研究所利用甘蔗品种（CP72-1210）与五节芒杂交获得了后代材料，表现为分蘖多、生长旺盛、抗逆性强、宿根性强等优良性状，茎径、锤度介于双亲之间，株高和节间长度表现出超亲现象，但其花粉不育，给进一步回交利用带来了困难（黄家雍等，1997）。

研究表明，甘蔗及其近缘属野生资源是甘蔗育种的重要物质基础，深入挖掘野生资源中的有利基因对延长甘蔗宿根年限、增强抗病性、提高产量和蔗糖分具有十分重要的意义。

第二章
广西甘蔗种质资源

第一节 割手密资源

1. 周旺割手密

【采集地】广西玉林市博白县双旺镇周旺村。

【类型及分布】属于禾本科甘蔗属，在山地坑洼地带的河岸边散生分布。

【特征特性】周旺割手密的基本特征及优异性状见下表。植株较矮，锤度较低，茎中蒲，难脱叶，无气根，57 号毛群多，薄蜡粉带，宿根性强。

名称	株高 /cm	茎径 /cm	叶长 /cm	叶宽 /cm	锤度 /%	空蒲心	脱叶性	气根性	57 号毛群	蜡粉带
周旺割手密	102	0.42	54.0	0.5	8.2	中蒲	难	无	多	薄

【利用价值】可用作甘蔗育种亲本，用于强宿根品种的选育。

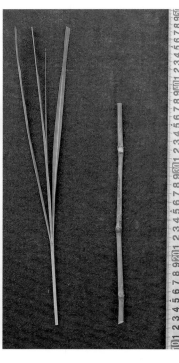
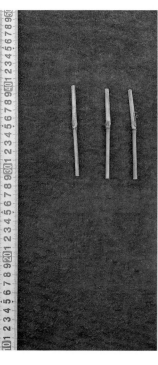

2. 竹山割手密

【采集地】广西崇左市凭祥市凭祥镇竹山村。

【类型及分布】属于禾本科甘蔗属，在山地平坦地带的公路边散生分布。

【特征特性】竹山割手密的基本特征及优异性状见下表。植株较矮，锤度较低，茎中蒲，难脱叶，无气根，57 号毛群少，薄蜡粉带，分蘖力强，耐旱性好。

名称	株高 /cm	茎径 /cm	叶长 /cm	叶宽 /cm	锤度 /%	空蒲心	脱叶性	气根性	57 号毛群	蜡粉带
竹山割手密	112	0.62	105.0	0.7	5.6	中蒲	难	无	少	薄

【利用价值】可用作甘蔗育种亲本，用于强分蘖、耐旱品种的选育。

3. 六局割手密

【采集地】广西钦州市灵山县烟墩镇六局村。

【类型及分布】属于禾本科甘蔗属，在山地坑洼地带的草地中群生分布。

【特征特性】六局割手密的基本特征及优异性状见下表。植株较高，锤度较低，茎大蒲，难脱叶，无气根，57 号毛群少，薄蜡粉带，分蘖力强。

名称	株高 /cm	茎径 /cm	叶长 /cm	叶宽 /cm	锤度 /%	空蒲心	脱叶性	气根性	57 号毛群	蜡粉带
六局割手密	198	0.66	84.0	1.0	7.0	大蒲	难	无	少	薄

【利用价值】可用作甘蔗育种亲本，用于强分蘖品种的选育。

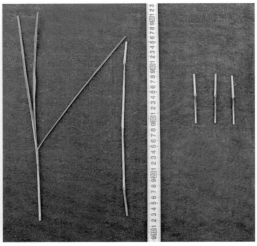

4. 三联割手密 1

【**采集地**】广西钦州市灵山县烟墩镇三联村。

【**类型及分布**】属于禾本科甘蔗属，在山地平坦地带的池塘边散生分布。

【**特征特性**】三联割手密 1 的基本特征及优异性状见下表。植株较高，锤度较低，茎小空，难脱叶，无气根，57 号毛群少，薄蜡粉带，宿根性强。

名称	株高 /cm	茎径 /cm	叶长 /cm	叶宽 /cm	锤度 /%	空蒲心	脱叶性	气根性	57 号毛群	蜡粉带
三联割手密 1	163	0.61	87.0	1.2	8.0	小空	难	无	少	薄

【**利用价值**】可用作甘蔗育种亲本，用于强宿根品种的选育。

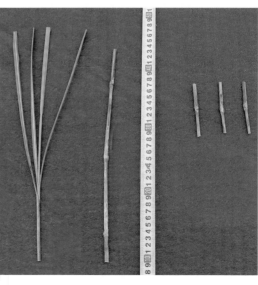

5. 社岭割手密

【采集地】广西钦州市灵山县檀圩镇社岭村。

【类型及分布】属于禾本科甘蔗属，在盆地坑洼地带的公路边散生分布。

【特征特性】社岭割手密的基本特征及优异性状见下表。植株高大，锤度较低，茎中蒲，难脱叶，无气根，57 号毛群少，厚蜡粉带，分蘖力强。

名称	株高 /cm	茎径 /cm	叶长 /cm	叶宽 /cm	锤度 /%	空蒲心	脱叶性	气根性	57 号毛群	蜡粉带
社岭割手密	201	0.71	85.0	1.0	7.0	中蒲	难	无	少	厚

【利用价值】可用作甘蔗育种亲本，用于高产、强分蘖品种的选育。

6. 桃禾割手密

【采集地】广西钦州市灵山县平南镇桃禾村。

【类型及分布】属于禾本科甘蔗属，在盆地平坦地带的田埂边群生分布。

【特征特性】桃禾割手密的基本特征及优异性状见下表，植株较矮，锤度较高，茎中蒲，难脱叶，无气根，无 57 号毛群，薄蜡粉带，耐旱耐瘠。

名称	株高 /cm	茎径 /cm	叶长 /cm	叶宽 /cm	锤度 /%	空蒲心	脱叶性	气根性	57 号毛群	蜡粉带
桃禾割手密	148	0.58	78.0	0.8	10.0	中蒲	难	无	无	薄

【利用价值】可用作甘蔗育种亲本，用于耐旱品种的选育。

7. 九冬割手密

【采集地】广西钦州市灵山县太平镇九冬村。

【类型及分布】属于禾本科甘蔗属，在山地平坦地带的田埂边散生分布。

【特征特性】九冬割手密的基本特征及优异性状见下表，植株较矮，锤度较低，茎实心，难脱叶，无气根，无 57 号毛群，厚蜡粉带，宿根性强。

名称	株高/cm	茎径/cm	叶长/cm	叶宽/cm	锤度/%	空蒲心	脱叶性	气根性	57号毛群	蜡粉带
九冬割手密	133	0.83	92.0	0.6	9.0	无	难	无	无	厚

【利用价值】可用作甘蔗育种亲本，用于强宿根品种的选育。

8. 永安割手密

【采集地】广西钦州市灵山县太平镇永安村。

【类型及分布】属于禾本科甘蔗属，在丘陵平坦地带的水塘边群生分布。

【特征特性】永安割手密的基本特征及优异性状见下表，植株较高，锤度较高，茎大蒲，难脱叶，无气根，无 57 号毛群，厚蜡粉带，分蘖力强。

名称	株高 /cm	茎径 /cm	叶长 /cm	叶宽 /cm	锤度 /%	空蒲心	脱叶性	气根性	57 号毛群	蜡粉带
永安割手密	156	0.54	91.0	0.7	10.0	大蒲	难	无	无	厚

【利用价值】可用作甘蔗育种亲本，用于强分蘖品种的选育。

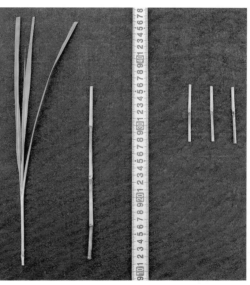

9. 百南割手密

【采集地】广西百色市那坡县百南乡百南村。

【类型及分布】属于禾本科甘蔗属，在山地坑洼地带的河沟边散生分布。

【特征特性】百南割手密的基本特征及优异性状见下表，植株较矮，锤度较高，茎中蒲，难脱叶，无气根，无 57 号毛群，薄蜡粉带，耐旱性好。

名称	株高 /cm	茎径 /cm	叶长 /cm	叶宽 /cm	锤度 /%	空蒲心	脱叶性	气根性	57 号毛群	蜡粉带
百南割手密	146	0.47	76.0	0.5	11.0	中蒲	难	无	无	薄

【利用价值】可用作甘蔗育种亲本，用于耐旱品种的选育。

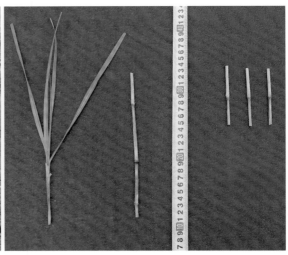

10. 德隆割手密

【采集地】广西百色市那坡县德隆乡德隆村。

【类型及分布】属于禾本科甘蔗属，在山地起伏地带的河沟边群生分布。

【特征特性】德隆割手密的基本特征及优异性状见下表，植株较矮，锤度较低，茎小蒲，难脱叶，无气根，无 57 号毛群，薄蜡粉带，分蘖力强，耐旱性好。

名称	株高 /cm	茎径 /cm	叶长 /cm	叶宽 /cm	锤度 /%	空蒲心	脱叶性	气根性	57 号毛群	蜡粉带
德隆割手密	130	0.41	107.0	0.3	9.0	小蒲	难	无	无	薄

【利用价值】可用作甘蔗育种亲本，用于耐旱、强分蘖品种的选育。

11. 规迪割手密

【采集地】广西百色市那坡县百南乡规迪村。

【类型及分布】属于禾本科甘蔗属，在山地坑洼地带的农田边散生分布。

【特征特性】规迪割手密的基本特征及优异性状见下表，植株高大，锤度低，茎实心，难脱叶，无气根，无57号毛群，无蜡粉带，宿根性强。

名称	株高/cm	茎径/cm	叶长/cm	叶宽/cm	锤度/%	空蒲心	脱叶性	气根性	57号毛群	蜡粉带
规迪割手密	217	0.50	72.5	0.8	4.5	无	难	无	无	无

【利用价值】可用作甘蔗育种亲本，用于高产、强宿根品种的选育。

12. 民兴割手密

【采集地】广西百色市那坡县百合乡民兴村。

【类型及分布】属于禾本科甘蔗属，在山地坑洼地带的河岸边群生分布。

【特征特性】民兴割手密的基本特征及优异性状见下表，植株高大，锤度较低，茎中蒲，难脱叶，无气根，无57号毛群，薄蜡粉带，耐涝性好。

名称	株高/cm	茎径/cm	叶长/cm	叶宽/cm	锤度/%	空蒲心	脱叶性	气根性	57号毛群	蜡粉带
民兴割手密	210	0.56	44.0	0.6	6.2	中蒲	难	无	无	薄

【利用价值】可用作甘蔗育种亲本，用于高产、耐涝品种的选育。

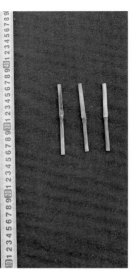

13. 坡荷割手密

【采集地】广西百色市那坡县坡荷乡坡荷村。

【类型及分布】属于禾本科甘蔗属，在山地起伏地带的农田边群生分布。

【特征特性】坡荷割手密的基本特征及优异性状见下表，植株高大，锤度较低，茎小蒲，难脱叶，无气根，无 57 号毛群，薄蜡粉带，耐旱性好。

名称	株高 /cm	茎径 /cm	叶长 /cm	叶宽 /cm	锤度 /%	空蒲心	脱叶性	气根性	57 号毛群	蜡粉带
坡荷割手密	212	0.33	48.0	0.5	7.5	小蒲	难	无	无	薄

【利用价值】可用作甘蔗育种亲本，用于高产、耐旱品种的选育。

14. 渠坤割手密

【**采集地**】广西防城港市上思县南屏瑶族乡渠坤村。

【**类型及分布**】属于禾本科甘蔗属，在丘陵平坦地带的河岸边散生分布。

【**特征特性**】渠坤割手密的基本特征及优异性状见下表，植株较高，锤度较高，茎小空，难脱叶，无气根，57 号毛群少，薄蜡粉带，耐旱耐瘠。

名称	株高 /cm	茎径 /cm	叶长 /cm	叶宽 /cm	锤度 /%	空蒲心	脱叶性	气根性	57 号毛群	蜡粉带
渠坤割手密	191	0.50	97.0	0.4	13.8	小空	难	无	少	薄

【**利用价值**】可用作甘蔗育种亲本，用于耐旱品种的选育。

15. 枯叫割手密

【**采集地**】广西防城港市上思县南屏瑶族乡枯叫村。

【**类型及分布**】属于禾本科甘蔗属，在丘陵平坦地带的公路边群生分布。

【**特征特性**】枯叫割手密的基本特征及优异性状见下表，植株高大，锤度较高，茎中蒲，难脱叶，无气根，57 号毛群少，无蜡粉带，分蘗力强。

名称	株高 /cm	茎径 /cm	叶长 /cm	叶宽 /cm	锤度 /%	空蒲心	脱叶性	气根性	57 号毛群	蜡粉带
枯叫割手密	300	0.53	180.0	0.6	10.0	中蒲	难	无	少	无

【**利用价值**】可用作甘蔗育种亲本，用于高产、强分蘗品种的选育。

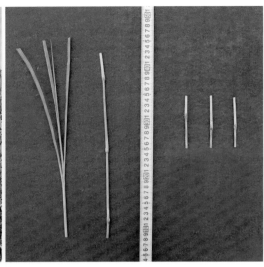

16. 伟华割手密

【采集地】广西防城港市上思县平福乡伟华村。

【类型及分布】属于禾本科甘蔗属，在丘陵平坦地带的田埂边散生分布。

【特征特性】伟华割手密的基本特征及优异性状见下表，植株高大，锤度较高，茎中蒲，难脱叶，无气根，无 57 号毛群，薄蜡粉带，分蘖力强。

名称	株高 /cm	茎径 /cm	叶长 /cm	叶宽 /cm	锤度 /%	空蒲心	脱叶性	气根性	57 号毛群	蜡粉带
伟华割手密	206	0.55	91.0	1.0	14.3	中蒲	难	无	无	薄

【利用价值】可用作甘蔗育种亲本，用于高产、强分蘖品种的选育。

17. 巴乃割手密

【**采集地**】广西防城港市上思县南屏瑶族乡巴乃村。

【**类型及分布**】属于禾本科甘蔗属，在丘陵起伏地带的小溪边群生分布。

【**特征特性**】巴乃割手密的基本特征及优异性状见下表，植株高大，锤度较高，茎实心，难脱叶，无气根，无 57 号毛群，厚蜡粉带，宿根性强。

名称	株高 /cm	茎径 /cm	叶长 /cm	叶宽 /cm	锤度 /%	空蒲心	脱叶性	气根性	57 号毛群	蜡粉带
巴乃割手密	253	0.94	98.0	1.0	14.0	无	难	无	无	厚

【**利用价值**】可用作甘蔗育种亲本，用于高产、强宿根品种的选育。

18. 俊仁割手密

【**采集地**】广西防城港市上思县华兰乡俊仁村。

【**类型及分布**】属于禾本科甘蔗属，在丘陵起伏地带的农田边散生分布。

【**特征特性**】俊仁割手密的基本特征及优异性状见下表，植株较高，锤度较低，茎中蒲，难脱叶，无气根，无 57 号毛群，薄蜡粉带，分蘖力强。

名称	株高 /cm	茎径 /cm	叶长 /cm	叶宽 /cm	锤度 /%	空蒲心	脱叶性	气根性	57 号毛群	蜡粉带
俊仁割手密	152	0.77	111.0	0.7	6.0	中蒲	难	无	无	薄

【**利用价值**】可用作甘蔗育种亲本，用于强分蘖品种的选育。

19. 华兰割手密

【采集地】广西防城港市上思县华兰乡华兰村。

【类型及分布】属于禾本科甘蔗属，在丘陵起伏地带的田埂边散生分布。

【特征特性】华兰割手密的基本特征及优异性状见下表，植株高大，锤度较高，茎中蒲，难脱叶，无气根，无 57 号毛群，薄蜡粉带，宿根性强。

名称	株高 /cm	茎径 /cm	叶长 /cm	叶宽 /cm	锤度 /%	空蒲心	脱叶性	气根性	57 号毛群	蜡粉带
华兰割手密	202	0.48	94.4	0.8	11.0	中蒲	难	无	无	薄

【利用价值】可用作甘蔗育种亲本，用于高产、强宿根品种的选育。

20. 那午割手密

【**采集地**】广西防城港市上思县叫安乡那午村。

【**类型及分布**】属于禾本科甘蔗属，在丘陵平坦地带的田埂边群生分布。

【**特征特性**】那午割手密的基本特征及优异性状见下表，植株高大，锤度较低，茎中蒲，难脱叶，无气根，无 57 号毛群，薄蜡粉带，耐旱性好。

名称	株高 /cm	茎径 /cm	叶长 /cm	叶宽 /cm	锤度 /%	空蒲心	脱叶性	气根性	57 号毛群	蜡粉带
那午割手密	251	0.75	93.6	1.3	6.2	中蒲	难	无	无	薄

【**利用价值**】可用作甘蔗育种亲本，用于高产、耐旱品种的选育。

21. 那包割手密

【**采集地**】广西防城港市上思县叫安乡那包村。

【**类型及分布**】属于禾本科甘蔗属，在丘陵坑洼地带的河岸边群生分布。

【**特征特性**】那包割手密的基本特征及优异性状见下表，植株高大，锤度较低，茎小蒲，难脱叶，无气根，57 号毛群少，薄蜡粉带，耐涝性好。

名称	株高 /cm	茎径 /cm	叶长 /cm	叶宽 /cm	锤度 /%	空蒲心	脱叶性	气根性	57 号毛群	蜡粉带
那包割手密	202	0.52	54.0	0.2	5.8	小蒲	难	无	少	薄

【**利用价值**】可用作甘蔗育种亲本，用于高产、耐涝品种的选育。

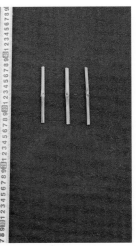

22. 那布割手密

【采集地】广西防城港市上思县叫安乡那布村。

【类型及分布】属于禾本科甘蔗属,在平原平坦地带的河岸边散生分布。

【特征特性】那布割手密的基本特征及优异性状见下表,植株高大,锤度较低,茎大蒲,难脱叶,无气根,57号毛群少,薄蜡粉带,宿根性强。

名称	株高/cm	茎径/cm	叶长/cm	叶宽/cm	锤度/%	空蒲心	脱叶性	气根性	57号毛群	蜡粉带
那布割手密	253	0.53	37.0	0.3	5.0	大蒲	难	无	少	薄

【利用价值】可用作甘蔗育种亲本,用于高产、强宿根品种的选育。

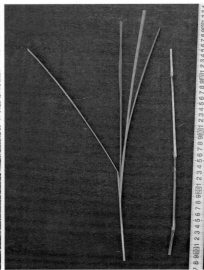
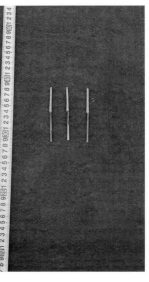

23. 松柏割手密

【采集地】广西防城港市上思县叫安乡松柏村。

【类型及分布】属于禾本科甘蔗属，在平原平坦地带的农田边散生分布。

【特征特性】松柏割手密的基本特征及优异性状见下表，植株高大，锤度较低，茎实心，难脱叶，无气根，无 57 号毛群，薄蜡粉带，耐旱性好。

名称	株高 /cm	茎径 /cm	叶长 /cm	叶宽 /cm	锤度 /%	空蒲心	脱叶性	气根性	57 号毛群	蜡粉带
松柏割手密	266	0.52	38.0	1.5	5.2	无	难	无	无	薄

【利用价值】可用作甘蔗育种亲本，用于高产、耐旱品种的选育。

24. 彩林割手密

【采集地】广西防城港市上思县公正乡彩林村。

【类型及分布】属于禾本科甘蔗属，在丘陵平坦地带的农田边散生分布。

【特征特性】彩林割手密的基本特征及优异性状见下表，植株较高，锤度较高，茎小空，难脱叶，无气根，无 57 号毛群，薄蜡粉带，宿根性强。

名称	株高 /cm	茎径 /cm	叶长 /cm	叶宽 /cm	锤度 /%	空蒲心	脱叶性	气根性	57 号毛群	蜡粉带
彩林割手密	157	0.51	98.0	0.7	10.8	小空	难	无	无	薄

【利用价值】可用作甘蔗育种亲本，用于强宿根品种的选育。

25. 吉彩割手密

【采集地】广西防城港市上思县公正乡吉彩村。

【类型及分布】属于禾本科甘蔗属，在盆地平坦地带的公路边群生分布。

【特征特性】吉彩割手密的基本特征及优异性状见下表，植株高大，锤度较低，茎中空，难脱叶，无气根，无 57 号毛群，薄蜡粉带，耐旱性好。

名称	株高 /cm	茎径 /cm	叶长 /cm	叶宽 /cm	锤度 /%	空蒲心	脱叶性	气根性	57 号毛群	蜡粉带
吉彩割手密	244	0.63	115.0	0.8	9.0	中空	难	无	无	薄

【利用价值】可用作甘蔗育种亲本，用于高产、耐旱品种的选育。

26. 信良割手密

【采集地】广西防城港市上思县公正乡信良村。

【类型及分布】属于禾本科甘蔗属，在盆地起伏地带的公路边群生分布。

【特征特性】信良割手密的基本特征及优异性状见下表，植株较矮，锤度较低，茎中空，难脱叶，无气根，无 57 号毛群，薄蜡粉带，分蘖力强，耐旱耐瘠。

名称	株高 /cm	茎径 /cm	叶长 /cm	叶宽 /cm	锤度 /%	空蒲心	脱叶性	气根性	57 号毛群	蜡粉带
信良割手密	147	0.68	96.0	0.7	5.0	中空	难	无	无	薄

【利用价值】可用作甘蔗育种亲本，用于耐旱、强分蘖品种的选育。

27. 公正割手密

【采集地】广西防城港市上思县公正乡公正村。

【类型及分布】属于禾本科甘蔗属，在平原平坦地带的河滩边散生分布。

【特征特性】公正割手密的基本特征及优异性状见下表，植株高大，锤度较高，茎小空，难脱叶，无气根，无 57 号毛群，薄蜡粉带，分蘖力强。

名称	株高 /cm	茎径 /cm	叶长 /cm	叶宽 /cm	锤度 /%	空蒲心	脱叶性	气根性	57 号毛群	蜡粉带
公正割手密	220	0.57	86.0	1.0	13.0	小空	难	无	无	薄

【利用价值】可用作甘蔗育种亲本，用于高产、强分蘖品种的选育。

28. 枯娄割手密

【采集地】广西防城港市上思县公正乡枯娄村。

【类型及分布】属于禾本科甘蔗属，在丘陵起伏地带的公路边散生分布。

【特征特性】枯娄割手密的基本特征及优异性状见下表，植株高大，锤度较低，茎小空，难脱叶，无气根，无 57 号毛群，薄蜡粉带，耐旱耐瘠。

名称	株高 /cm	茎径 /cm	叶长 /cm	叶宽 /cm	锤度 /%	空蒲心	脱叶性	气根性	57 号毛群	蜡粉带
枯娄割手密	290	0.57	125.0	1.1	9.0	小空	难	无	无	薄

【利用价值】可用作甘蔗育种亲本，用于高产、耐旱品种的选育。

29. 龙楼割手密

【采集地】广西防城港市上思县那琴乡龙楼村。

【类型及分布】属于禾本科甘蔗属,在丘陵平坦地带的河滩边群生分布。

【特征特性】龙楼割手密的基本特征及优异性状见下表,植株较高,锤度较低,茎大蒲,难脱叶,无气根,无57号毛群,薄蜡粉带,宿根性强。

名称	株高/cm	茎径/cm	叶长/cm	叶宽/cm	锤度/%	空蒲心	脱叶性	气根性	57号毛群	蜡粉带
龙楼割手密	160	0.48	87.0	0.8	8.0	大蒲	难	无	无	薄

【利用价值】可用作甘蔗育种亲本,用于强宿根品种的选育。

30. 新江割手密

【采集地】广西桂林市灵川县公平乡新江村。

【类型及分布】属于禾本科甘蔗属,在山地起伏地带的公路旁群生分布。

【特征特性】新江割手密的基本特征及优异性状见下表,植株高大,锤度较低,茎实心,难脱叶,无气根,无57号毛群,薄蜡粉带,耐旱性好。

名称	株高/cm	茎径/cm	叶长/cm	叶宽/cm	锤度/%	空蒲心	脱叶性	气根性	57号毛群	蜡粉带
新江割手密	240	0.75	96.0	0.6	9.0	无	难	无	无	薄

【利用价值】可用作甘蔗育种亲本,用于高产、耐旱品种的选育。

31. 岩山割手密

【采集地】广西桂林市灵川县九屋镇岩山村。

【类型及分布】属于禾本科甘蔗属，在山地起伏地带的公路旁群生分布。

【特征特性】岩山割手密的基本特征及优异性状见下表，植株高大，锤度较低，茎大蒲，难脱叶，无气根，57号毛群少，薄蜡粉带，宿根性强。

名称	株高/cm	茎径/cm	叶长/cm	叶宽/cm	锤度/%	空蒲心	脱叶性	气根性	57号毛群	蜡粉带
岩山割手密	257	0.77	104.0	0.7	9.6	大蒲	难	无	少	薄

【利用价值】可用作甘蔗育种亲本，用于高产、强宿根品种的选育。

32. 九屋割手密

【采集地】广西桂林市灵川县九屋镇九屋村。

【类型及分布】属于禾本科甘蔗属,在盆地平坦地带的农田边散生分布。

【特征特性】九屋割手密的基本特征及优异性状见下表,植株高大,锤度较高,茎大蒲,难脱叶,无气根,无57号毛群,薄蜡粉带,宿根性强。

名称	株高/cm	茎径/cm	叶长/cm	叶宽/cm	锤度/%	空蒲心	脱叶性	气根性	57号毛群	蜡粉带
九屋割手密	303	0.81	126.0	0.5	10.0	大蒲	难	无	无	薄

【利用价值】可用作甘蔗育种亲本,用于高产、强宿根品种的选育。

33. 清坡割手密

【采集地】广西河池市大化瑶族自治县贡川乡清坡村。

【类型及分布】属于禾本科甘蔗属,在山地平坦地带的农田边群生分布。

【特征特性】清坡割手密的基本特征及优异性状见下表,植株高大,锤度较低,茎小空,难脱叶,无气根,无57号毛群,薄蜡粉带,分蘖力强。

名称	株高/cm	茎径/cm	叶长/cm	叶宽/cm	锤度/%	空蒲心	脱叶性	气根性	57号毛群	蜡粉带
清坡割手密	271	0.56	106.0	1.1	8.0	小空	难	无	无	薄

【利用价值】可用作甘蔗育种亲本,用于高产、强分蘖品种的选育。

34. 中良割手密

【采集地】广西河池市大化瑶族自治县共和乡中良村。

【类型及分布】属于禾本科甘蔗属，在盆地平坦地带的湿地沼泽地群生分布。

【特征特性】中良割手密的基本特征及优异性状见下表，植株较高，锤度较低，茎中空，难脱叶，无气根，无 57 号毛群，厚蜡粉带，宿根性强。

名称	株高 /cm	茎径 /cm	叶长 /cm	叶宽 /cm	锤度 /%	空蒲心	脱叶性	气根性	57 号毛群	蜡粉带
中良割手密	195	0.65	108.0	1.0	7.2	中空	难	无	无	厚

【利用价值】可用作甘蔗育种亲本，用于强宿根品种的选育。

35. 共和割手密

【采集地】广西河池市大化瑶族自治县共和乡共和村。

【类型及分布】属于禾本科甘蔗属，在盆地平坦地带的农田边群生分布。

【特征特性】共和割手密的基本特征及优异性状见下表，植株较高，锤度较高，茎小空，难脱叶，无气根，无 57 号毛群，薄蜡粉带，耐旱耐瘠。

名称	株高 /cm	茎径 /cm	叶长 /cm	叶宽 /cm	锤度 /%	空蒲心	脱叶性	气根性	57 号毛群	蜡粉带
共和割手密	166	0.62	122.0	0.6	13.0	小空	难	无	无	薄

【利用价值】可用作甘蔗育种亲本，用于耐旱品种的选育。

36. 古乔割手密

【采集地】广西河池市大化瑶族自治县共和乡古乔村。

【类型及分布】属于禾本科甘蔗属，在盆地平坦地带的小溪边群生分布。

【特征特性】古乔割手密的基本特征及优异性状见下表，植株较高，锤度较高，茎中空，难脱叶，无气根，无 57 号毛群，厚蜡粉带，分蘖力强，宿根性强。

名称	株高 /cm	茎径 /cm	叶长 /cm	叶宽 /cm	锤度 /%	空蒲心	脱叶性	气根性	57 号毛群	蜡粉带
古乔割手密	164	0.65	90.0	0.6	13.0	中空	难	无	无	厚

【利用价值】可用作甘蔗育种亲本，用于强分蘖、强宿根品种的选育。

37. 华善割手密

【采集地】广西河池市大化瑶族自治县六也乡华善村。

【类型及分布】属于禾本科甘蔗属，在山地坑洼地带的农田边群生分布。

【特征特性】华善割手密的基本特征及优异性状见下表，植株较高，锤度较高，茎实心，难脱叶，无气根，无 57 号毛群，厚蜡粉带，耐旱耐瘠。

名称	株高 /cm	茎径 /cm	叶长 /cm	叶宽 /cm	锤度 /%	空蒲心	脱叶性	气根性	57 号毛群	蜡粉带
华善割手密	173	0.61	83.0	1.1	14.0	无	难	无	无	厚

【利用价值】可用作甘蔗育种亲本，用于耐旱品种的选育。

38. 吉发割手密

【采集地】广西河池市大化瑶族自治县岩滩镇吉发村。

【类型及分布】属于禾本科甘蔗属，在山地起伏地带的农田边群生分布。

【特征特性】吉发割手密的基本特征及优异性状见下表，植株较矮，锤度较高，茎实心，难脱叶，无气根，无 57 号毛群，厚蜡粉带，分蘖力强。

名称	株高 /cm	茎径 /cm	叶长 /cm	叶宽 /cm	锤度 /%	空蒲心	脱叶性	气根性	57 号毛群	蜡粉带
吉发割手密	148	0.58	71.0	0.6	12.0	无	难	无	无	厚

【利用价值】可用作甘蔗育种亲本，用于强分蘖品种的选育。

39. 古龙割手密

【采集地】广西河池市大化瑶族自治县岩滩镇古龙村。

【类型及分布】属于禾本科甘蔗属，在山地平坦地带的河滩边群生分布。

【特征特性】古龙割手密的基本特征及优异性状见下表，植株矮，锤度较高，茎实心，难脱叶，无气根，无 57 号毛群，薄蜡粉带，宿根性强。

名称	株高 /cm	茎径 /cm	叶长 /cm	叶宽 /cm	锤度 /%	空蒲心	脱叶性	气根性	57 号毛群	蜡粉带
古龙割手密	82	0.35	63.0	0.5	14.0	无	难	无	无	薄

【利用价值】可用作甘蔗育种亲本，用于强宿根品种的选育。

40. 那良割手密

【采集地】广西河池市大化瑶族自治县羌圩乡那良村。

【类型及分布】属于禾本科甘蔗属，在山地坑洼地带的小溪边群生分布。

【特征特性】那良割手密的基本特征及优异性状见下表，植株矮，锤度较高，茎实心，难脱叶，无气根，无 57 号毛群，薄蜡粉带，分蘖力强。

名称	株高 /cm	茎径 /cm	叶长 /cm	叶宽 /cm	锤度 /%	空蒲心	脱叶性	气根性	57 号毛群	蜡粉带
那良割手密	87	0.31	57.0	0.6	13.0	无	难	无	无	薄

【利用价值】可用作甘蔗育种亲本，用于强分蘖品种的选育。

41. 流水割手密

【采集地】广西河池市大化瑶族自治县大化镇流水村。

【类型及分布】属于禾本科甘蔗属，在山地平坦地带的农田边散生分布。

【特征特性】流水割手密的基本特征及优异性状见下表，植株较矮，锤度较高，茎实心，难脱叶，无气根，无 57 号毛群，厚蜡粉带，宿根性强。

名称	株高 /cm	茎径 /cm	叶长 /cm	叶宽 /cm	锤度 /%	空蒲心	脱叶性	气根性	57 号毛群	蜡粉带
流水割手密	149	0.54	114.0	0.4	10.0	无	难	无	无	厚

【利用价值】可用作甘蔗育种亲本，用于强宿根品种的选育。

42. 亮山割手密

【采集地】广西河池市大化瑶族自治县大化镇亮山村。

【类型及分布】属于禾本科甘蔗属，在山地平坦地带的农田边群生分布。

【特征特性】亮山割手密的基本特征及优异性状见下表，植株较高，锤度较高，茎小空，难脱叶，有气根，无 57 号毛群，厚蜡粉带，宿根性强。

名称	株高 /cm	茎径 /cm	叶长 /cm	叶宽 /cm	锤度 /%	空蒲心	脱叶性	气根性	57 号毛群	蜡粉带
亮山割手密	178	0.57	84.0	0.8	14.0	小空	难	有	无	厚

【利用价值】可用作甘蔗育种亲本，用于强宿根品种的选育。

43. 双福割手密

【采集地】广西河池市大化瑶族自治县都阳镇双福村。

【类型及分布】属于禾本科甘蔗属，在山地起伏地带的农田边群生分布。

【特征特性】双福割手密的基本特征及优异性状见下表，植株较高，锤度较低，茎小空，难脱叶，有气根，57 号毛群较多，厚蜡粉带，分蘖力强。

名称	株高 /cm	茎径 /cm	叶长 /cm	叶宽 /cm	锤度 /%	空蒲心	脱叶性	气根性	57 号毛群	蜡粉带
双福割手密	151	0.69	126.0	1.5	7.0	小空	难	有	较多	厚

【利用价值】可用作甘蔗育种亲本，用于强分蘖品种的选育。

44. 化育割手密

【采集地】广西桂林市恭城瑶族自治县恭城镇化育村。

【类型及分布】属于禾本科甘蔗属，在山地坑洼地带的溪边散生分布。

【特征特性】化育割手密的基本特征及优异性状见下表，植株高大，锤度较低，茎小空，难脱叶，无气根，无 57 号毛群，薄蜡粉带，分蘖力强。

名称	株高 /cm	茎径 /cm	叶长 /cm	叶宽 /cm	锤度 /%	空蒲心	脱叶性	气根性	57 号毛群	蜡粉带
化育割手密	252	0.96	87.4	0.8	9.4	小空	难	无	无	薄

【利用价值】可用作甘蔗育种亲本，用于高产、强分蘖品种的选育。

45. 陶马坪割手密

【采集地】广西桂林市恭城瑶族自治县平安镇陶马坪村。

【类型及分布】属于禾本科甘蔗属，在山地坑洼地带的河滩边散生分布。

【特征特性】陶马坪割手密的基本特征及优异性状见下表，植株较高，锤度较低，茎实心，难脱叶，无气根，无 57 号毛群，薄蜡粉带，宿根性强。

名称	株高 /cm	茎径 /cm	叶长 /cm	叶宽 /cm	锤度 /%	空蒲心	脱叶性	气根性	57 号毛群	蜡粉带
陶马坪割手密	159	0.47	65.1	0.7	8.0	无	难	无	无	薄

【利用价值】可用作甘蔗育种亲本，用于强宿根品种的选育。

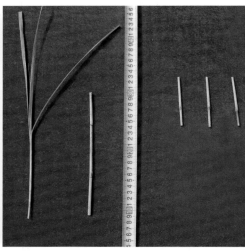

46. 龙虎割手密

【采集地】广西桂林市恭城瑶族自治县龙虎乡龙虎村。

【类型及分布】属于禾本科甘蔗属，在盆地平坦地带的田埂边散生分布。

【特征特性】龙虎割手密的基本特征及优异性状见下表，植株矮，锤度较高，茎实心，难脱叶，无气根，57号毛群少，薄蜡粉带，宿根性强。

名称	株高/cm	茎径/cm	叶长/cm	叶宽/cm	锤度/%	空蒲心	脱叶性	气根性	57号毛群	蜡粉带
龙虎割手密	59	0.39	53.0	0.5	14.0	无	难	无	少	薄

【利用价值】可用作甘蔗育种亲本，用于强宿根品种的选育。

47. 杨溪割手密

【**采集地**】广西桂林市恭城瑶族自治县西岭镇杨溪村。

【**类型及分布**】属于禾本科甘蔗属，在盆地平坦地带的农田边散生分布。

【**特征特性**】杨溪割手密的基本特征及优异性状见下表，植株矮，锤度较高，茎中空，难脱叶，无气根，57 号毛群较多，薄蜡粉带，宿根性强。

名称	株高 /cm	茎径 /cm	叶长 /cm	叶宽 /cm	锤度 /%	空蒲心	脱叶性	气根性	57 号毛群	蜡粉带
杨溪割手密	90	0.68	105.0	1.7	12.0	中空	难	无	较多	薄

【**利用价值**】可用作甘蔗育种亲本，用于强宿根品种的选育。

48. 上灌割手密

【**采集地**】广西桂林市恭城瑶族自治县栗木镇上灌村。

【**类型及分布**】属于禾本科甘蔗属，在山地起伏地带的旱坡上散生分布。

【**特征特性**】上灌割手密的基本特征及优异性状见下表，植株矮，锤度较高，茎实心，难脱叶，无气根，57 号毛群少，薄蜡粉带，耐旱性好。

名称	株高 /cm	茎径 /cm	叶长 /cm	叶宽 /cm	锤度 /%	空蒲心	脱叶性	气根性	57 号毛群	蜡粉带
上灌割手密	90	0.55	101.0	1.2	11.0	无	难	无	少	薄

【**利用价值**】可用作甘蔗育种亲本，用于耐旱品种的选育。

49. 洲塘割手密

【采集地】广西桂林市恭城瑶族自治县恭城镇洲塘村。

【类型及分布】属于禾本科甘蔗属，在丘陵地带的农田边群生分布。

【特征特性】洲塘割手密的基本特征及优异性状见下表，植株较高，锤度较低，茎小蒲，难脱叶，无气根，57号毛群少，薄蜡粉带，分蘖力强。

名称	株高/cm	茎径/cm	叶长/cm	叶宽/cm	锤度/%	空蒲心	脱叶性	气根性	57号毛群	蜡粉带
洲塘割手密	157	0.81	76.0	1.0	8.5	小蒲	难	无	少	薄

【利用价值】可用作甘蔗育种亲本，用于强分蘖品种的选育。

50. 桂龙割手密

【采集地】广西桂林市龙胜各族自治县龙胜镇桂龙社区。

【类型及分布】属于禾本科甘蔗属，在山地坑洼地带的河流边散生分布。

【特征特性】桂龙割手密的基本特征及优异性状见下表，植株较矮，锤度较高，茎实心，难脱叶，无气根，无57号毛群，薄蜡粉带，宿根性强。

名称	株高/cm	茎径/cm	叶长/cm	叶宽/cm	锤度/%	空蒲心	脱叶性	气根性	57号毛群	蜡粉带
桂龙割手密	130	0.42	72.0	0.6	10.2	无	难	无	无	薄

【利用价值】可用作甘蔗育种亲本，用于强宿根品种的选育。

51. 江口割手密

【采集地】广西桂林市龙胜各族自治县乐江镇江口村。

【类型及分布】属于禾本科甘蔗属，在山地起伏地带的农田边散生分布。

【特征特性】江口割手密的基本特征及优异性状见下表，植株较高，锤度较低，茎大蒲，难脱叶，无气根，无57号毛群，薄蜡粉带，宿根性强。

名称	株高/cm	茎径/cm	叶长/cm	叶宽/cm	锤度/%	空蒲心	脱叶性	气根性	57号毛群	蜡粉带
江口割手密	194	0.78	88.0	0.8	8.0	大蒲	难	无	无	薄

【利用价值】可用作甘蔗育种亲本，用于强宿根品种的选育。

52. 乐江割手密

【**采集地**】广西桂林市龙胜各族自治县乐江镇乐江村。

【**类型及分布**】属于禾本科甘蔗属，在山地起伏地带的河流边散生分布。

【**特征特性**】乐江割手密的基本特征及优异性状见下表，植株较矮，锤度较低，茎实心，难脱叶，无气根，无 57 号毛群，薄蜡粉带，宿根性强。

名称	株高 /cm	茎径 /cm	叶长 /cm	叶宽 /cm	锤度 /%	空蒲心	脱叶性	气根性	57 号毛群	蜡粉带
乐江割手密	122	0.73	111.0	1.2	7.0	无	难	无	无	薄

【**利用价值**】可用作甘蔗育种亲本，用于强宿根品种的选育。

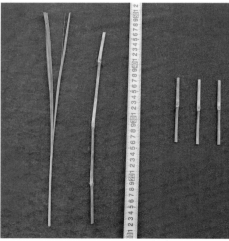

53. 光明割手密

【采集地】广西桂林市龙胜各族自治县乐江镇光明村。

【类型及分布】属于禾本科甘蔗属，在山地起伏地带的农田边散生分布。

【特征特性】光明割手密的基本特征及优异性状见下表，植株较矮，锤度较低，茎实心，难脱叶，无气根，无57号毛群，薄蜡粉带，生长势好，分蘖力强。

名称	株高/cm	茎径/cm	叶长/cm	叶宽/cm	锤度/%	空蒲心	脱叶性	气根性	57号毛群	蜡粉带
光明割手密	114	0.68	116.0	1.2	5.4	无	难	无	无	薄

【利用价值】可用作甘蔗育种亲本，用于强分蘖品种的选育。

54. 大滩割手密

【采集地】广西桂林市龙胜各族自治县三门镇大滩村。

【类型及分布】属于禾本科甘蔗属，在山地起伏地带的河流边散生分布。

【特征特性】大滩割手密的基本特征及优异性状见下表，植株矮，锤度较高，茎实心，难脱叶，无气根，无57号毛群，薄蜡粉带，耐涝性好。

名称	株高/cm	茎径/cm	叶长/cm	叶宽/cm	锤度/%	空蒲心	脱叶性	气根性	57号毛群	蜡粉带
大滩割手密	84	0.50	91.0	0.4	11.8	无	难	无	无	薄

【利用价值】可用作甘蔗育种亲本，用于耐涝品种的选育。

55. 上塘割手密

【采集地】广西桂林市龙胜各族自治县瓢里镇上塘村。

【类型及分布】属于禾本科甘蔗属，在丘陵地带的河流边散生分布。

【特征特性】上塘割手密的基本特征及优异性状见下表，植株矮，锤度较高，茎实心，难脱叶，无气根，无 57 号毛群，薄蜡粉带，耐旱耐瘠。

名称	株高 /cm	茎径 /cm	叶长 /cm	叶宽 /cm	锤度 /%	空蒲心	脱叶性	气根性	57 号毛群	蜡粉带
上塘割手密	55	0.34	46.0	0.6	14.8	无	难	无	无	薄

【利用价值】可用作甘蔗育种亲本，用于耐旱品种的选育。

56. 明江割手密

【采集地】广西百色市平果市四塘镇明江村。

【类型及分布】属于禾本科甘蔗属，在丘陵坑洼地带的农田边散生分布。

【特征特性】明江割手密的基本特征及优异性状见下表，植株较矮，锤度较低，茎小空，难脱叶，无气根，57 号毛群少，厚蜡粉带，耐旱耐瘠。

名称	株高/cm	茎径/cm	叶长/cm	叶宽/cm	锤度/%	空蒲心	脱叶性	气根性	57 号毛群	蜡粉带
明江割手密	143	0.53	74.0	0.8	9.0	小空	难	无	少	厚

【利用价值】可用作甘蔗育种亲本，用于耐旱品种的选育。

57. 仕仁割手密

【采集地】广西百色市平果市凤梧镇仕仁村。

【类型及分布】属于禾本科甘蔗属，在丘陵起伏地带的溪边散生分布。

【特征特性】仕仁割手密的基本特征及优异性状见下表，植株较矮，锤度较低，茎实心，难脱叶，无气根，57 号毛群少，厚蜡粉带，宿根性强。

名称	株高/cm	茎径/cm	叶长/cm	叶宽/cm	锤度/%	空蒲心	脱叶性	气根性	57 号毛群	蜡粉带
仕仁割手密	146	0.53	54.0	0.7	9.0	无	难	无	少	厚

【利用价值】可用作甘蔗育种亲本，用于强宿根品种的选育。

58. 那海割手密

【采集地】广西百色市平果市海城乡那海村。

【类型及分布】属于禾本科甘蔗属，在山地起伏地带的农田边群生分布。

【特征特性】那海割手密的基本特征及优异性状见下表，植株较矮，锤度较低，茎小空，难脱叶，无气根，无 57 号毛群，薄蜡粉带，分蘖力强。

名称	株高 /cm	茎径 /cm	叶长 /cm	叶宽 /cm	锤度 /%	空蒲心	脱叶性	气根性	57 号毛群	蜡粉带
那海割手密	126	0.61	106.3	1.1	9.2	小空	难	无	无	薄

【利用价值】可用作甘蔗育种亲本，用于强分蘖品种的选育。

59. 荣方割手密

【采集地】广西百色市平果市海城乡荣方村。

【类型及分布】属于禾本科甘蔗属,在山地起伏地带的河流边散生分布。

【特征特性】荣方割手密的基本特征及优异性状见下表,植株较高,锤度较低,茎实心,难脱叶,无气根,57号毛群少,薄蜡粉带,宿根性强。

名称	株高/cm	茎径/cm	叶长/cm	叶宽/cm	锤度/%	空蒲心	脱叶性	气根性	57号毛群	蜡粉带
荣方割手密	191	0.67	104.0	1.1	9.0	无	难	无	少	薄

【利用价值】可用作甘蔗育种亲本,用于强宿根品种的选育。

60. 平孟割手密

【采集地】广西百色市平果市同老乡平孟村。

【类型及分布】属于禾本科甘蔗属,在山地起伏地带的农田边散生分布。

【特征特性】平孟割手密的基本特征及优异性状见下表,植株较高,锤度较低,茎实心,难脱叶,无气根,无57号毛群,薄蜡粉带,宿根性强。

名称	株高/cm	茎径/cm	叶长/cm	叶宽/cm	锤度/%	空蒲心	脱叶性	气根性	57号毛群	蜡粉带
平孟割手密	155	0.57	123.0	0.8	9.0	无	难	无	无	薄

【利用价值】可用作甘蔗育种亲本,用于强宿根品种的选育。

61. 矮岭割手密

【采集地】广西桂林市永福县广福乡矮岭村。

【类型及分布】属于禾本科甘蔗属，在丘陵起伏地带的农田边散生分布。

【特征特性】矮岭割手密的基本特征及优异性状见下表，植株矮，锤度较高，茎实心，难脱叶，无气根，无 57 号毛群，薄蜡粉带，耐旱性好。

名称	株高 /cm	茎径 /cm	叶长 /cm	叶宽 /cm	锤度 /%	空蒲心	脱叶性	气根性	57 号毛群	蜡粉带
矮岭割手密	87	0.61	106.0	0.9	11.8	无	难	无	无	薄

【利用价值】可用作甘蔗育种亲本，用于耐旱品种的选育。

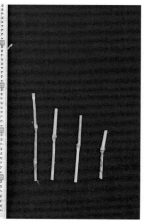

62. 马陂割手密

【采集地】广西桂林市永福县广福乡马陂村。

【类型及分布】属于禾本科甘蔗属，在丘陵起伏地带的溪边散生分布。

【特征特性】马陂割手密的基本特征及优异性状见下表，植株高大，茎粗壮，锤度较高，茎实心，难脱叶，无气根，57号毛群少，薄蜡粉带，宿根性强。

名称	株高/cm	茎径/cm	叶长/cm	叶宽/cm	锤度/%	空蒲心	脱叶性	气根性	57号毛群	蜡粉带
马陂割手密	241	1.36	69.5	1.1	10.4	无	难	无	少	薄

【利用价值】可用作甘蔗育种亲本，用于高产、强宿根品种的选育。

63. 广福割手密

【采集地】广西桂林市永福县广福乡广福村。

【类型及分布】属于禾本科甘蔗属，在丘陵起伏地带的池塘边散生分布。

【特征特性】广福割手密的基本特征及优异性状见下表，植株高大，锤度较高，茎实心，难脱叶，无气根，无57号毛群，厚蜡粉带，分蘖力强。

名称	株高/cm	茎径/cm	叶长/cm	叶宽/cm	锤度/%	空蒲心	脱叶性	气根性	57号毛群	蜡粉带
广福割手密	227	0.83	98.8	1.0	10.6	无	难	无	无	厚

【利用价值】可用作甘蔗育种亲本，用于高产、强分蘖品种的选育。

64. 湾里割手密

【采集地】广西桂林市永福县永福镇湾里村。

【类型及分布】属于禾本科甘蔗属，在丘陵起伏地带的河流边散生分布。

【特征特性】湾里割手密的基本特征及优异性状见下表，植株较高，锤度较高，茎实心，难脱叶，无气根，无57号毛群，厚蜡粉带，耐涝性好。

名称	株高/cm	茎径/cm	叶长/cm	叶宽/cm	锤度/%	空蒲心	脱叶性	气根性	57号毛群	蜡粉带
湾里割手密	195	0.75	105.0	1.0	13.0	无	难	无	无	厚

【利用价值】可用作甘蔗育种亲本，用于耐涝品种的选育。

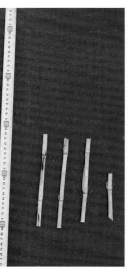

65. 双江割手密

【采集地】广西桂林市永福县龙江乡双江村。

【类型及分布】属于禾本科甘蔗属，在丘陵起伏地带的河滩边散生分布。

【特征特性】双江割手密的基本特征及优异性状见下表，植株较高，锤度较低，茎实心，难脱叶，无气根，无 57 号毛群，厚蜡粉带，宿根性强。

名称	株高/cm	茎径/cm	叶长/cm	叶宽/cm	锤度/%	空蒲心	脱叶性	气根性	57 号毛群	蜡粉带
双江割手密	161	0.65	91.5	0.9	7.4	无	难	无	无	厚

【利用价值】可用作甘蔗育种亲本，用于强宿根品种的选育。

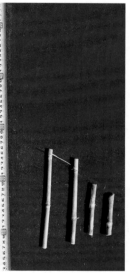

66. 兴隆割手密

【采集地】广西桂林市永福县龙江乡兴隆村。

【类型及分布】属于禾本科甘蔗属，在丘陵起伏地带的农田边散生分布。

【特征特性】兴隆割手密的基本特征及优异性状见下表，植株较高，锤度较低，茎实心，难脱叶，无气根，57 号毛群少，薄蜡粉带，分蘖力强。

名称	株高/cm	茎径/cm	叶长/cm	叶宽/cm	锤度/%	空蒲心	脱叶性	气根性	57 号毛群	蜡粉带
兴隆割手密	193	0.63	84.7	0.8	8.8	无	难	无	少	薄

【利用价值】可用作甘蔗育种亲本，用于强分蘖品种的选育。

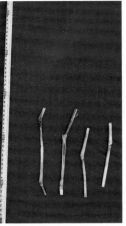

67. 东岸割手密

【采集地】广西桂林市永福县百寿镇东岸村。

【类型及分布】属于禾本科甘蔗属,在丘陵起伏地带的农田边散生分布。

【特征特性】东岸割手密的基本特征及优异性状见下表,植株高大,锤度较高,茎实心,难脱叶,无气根,无57号毛群,厚蜡粉带,分蘖力强。

名称	株高 /cm	茎径 /cm	叶长 /cm	叶宽 /cm	锤度 /%	空蒲心	脱叶性	气根性	57 号毛群	蜡粉带
东岸割手密	203	0.80	80.9	1.2	13.4	无	难	无	无	厚

【利用价值】可用作甘蔗育种亲本,用于高产、强分蘖品种的选育。

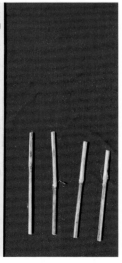

68. 江岩割手密

【采集地】广西桂林市永福县百寿镇江岩村。

【类型及分布】属于禾本科甘蔗属，在丘陵起伏地带的公路旁散生分布。

【特征特性】江岩割手密的基本特征及优异性状见下表，植株较高，锤度较高，茎实心，难脱叶，无气根，无 57 号毛群，厚蜡粉带，耐旱耐瘠。

名称	株高 /cm	茎径 /cm	叶长 /cm	叶宽 /cm	锤度 /%	空蒲心	脱叶性	气根性	57 号毛群	蜡粉带
江岩割手密	154	0.82	41.4	0.6	10.4	无	难	无	无	厚

【利用价值】可用作甘蔗育种亲本，用于耐旱品种的选育。

69. 堡里割手密

【采集地】广西桂林市永福县堡里镇堡里村。

【类型及分布】属于禾本科甘蔗属，在丘陵起伏地带的公路旁散生分布。

【特征特性】堡里割手密的基本特征及优异性状见下表，植株较高，锤度较高，茎实心，难脱叶，无气根，无 57 号毛群，厚蜡粉带，宿根性强。

名称	株高 /cm	茎径 /cm	叶长 /cm	叶宽 /cm	锤度 /%	空蒲心	脱叶性	气根性	57 号毛群	蜡粉带
堡里割手密	150	0.98	100.6	1.1	11.2	无	难	无	无	厚

【利用价值】可用作甘蔗育种亲本，用于强宿根品种的选育。

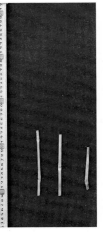

70. 林村割手密

【**采集地**】广西桂林市永福县罗锦镇林村村。

【**类型及分布**】属于禾本科甘蔗属，在丘陵起伏地带的公路旁散生分布。

【**特征特性**】林村割手密的基本特征及优异性状见下表，植株较矮，锤度高，茎实心，难脱叶，无气根，57 号毛群少，厚蜡粉带，分蘖力强。

名称	株高 /cm	茎径 /cm	叶长 /cm	叶宽 /cm	锤度 /%	空蒲心	脱叶性	气根性	57 号毛群	蜡粉带
林村割手密	120	0.48	87.6	0.4	15.4	无	难	无	少	厚

【**利用价值**】可用作甘蔗育种亲本，用于高糖、强分蘖品种的选育。

71. 寨沙割手密 1

【采集地】广西柳州市鹿寨县寨沙镇寨沙社区。

【类型及分布】属于禾本科甘蔗属，在丘陵坑洼地带的溪边群生分布。

【特征特性】寨沙割手密 1 的基本特征及优异性状见下表，植株较矮，锤度较高，茎实心，难脱叶，无气根，无 57 号毛群，薄蜡粉带，宿根性强。

名称	株高 /cm	茎径 /cm	叶长 /cm	叶宽 /cm	锤度 /%	空蒲心	脱叶性	气根性	57 号毛群	蜡粉带
寨沙割手密 1	150	0.64	91.0	0.7	11.4	无	难	无	无	薄

【利用价值】可用作甘蔗育种亲本，用于强宿根品种的选育。

72. 九甫割手密

【采集地】广西柳州市鹿寨县寨沙镇九甫村。

【类型及分布】属于禾本科甘蔗属，在丘陵平坦地带的公路旁群生分布。

【特征特性】九甫割手密的基本特征及优异性状见下表，植株较高，锤度较低，茎实心，难脱叶，无气根，无 57 号毛群，薄蜡粉带，耐旱性强。

名称	株高 /cm	茎径 /cm	叶长 /cm	叶宽 /cm	锤度 /%	空蒲心	脱叶性	气根性	57 号毛群	蜡粉带
九甫割手密	178	0.63	103.5	0.7	7.0	无	难	无	无	薄

【利用价值】可用作甘蔗育种亲本，用于耐旱品种的选育。

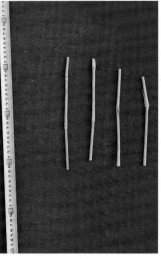

73. 三排割手密

【采集地】广西柳州市鹿寨县四排镇三排村。

【类型及分布】属于禾本科甘蔗属，在丘陵平坦地带的农田边群生分布。

【特征特性】三排割手密的基本特征及优异性状见下表，植株较矮，锤度较低，茎实心，难脱叶，无气根，无57号毛群，厚蜡粉带，分蘖力强。

名称	株高/cm	茎径/cm	叶长/cm	叶宽/cm	锤度/%	空蒲心	脱叶性	气根性	57号毛群	蜡粉带
三排割手密	118	0.51	80.0	0.6	8.5	无	难	无	无	厚

【利用价值】可用作甘蔗育种亲本，用于强分蘖品种的选育。

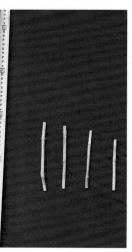

74. 四排割手密

【采集地】广西柳州市鹿寨县四排镇四排村。

【类型及分布】属于禾本科甘蔗属，在盆地平坦地带的农田边散生分布。

【特征特性】四排割手密的基本特征及优异性状见下表，植株高大，锤度较高，茎小空，难脱叶，无气根，无 57 号毛群，薄蜡粉带，宿根性强。

名称	株高 /cm	茎径 /cm	叶长 /cm	叶宽 /cm	锤度 /%	空蒲心	脱叶性	气根性	57 号毛群	蜡粉带
四排割手密	209	0.75	113.0	1.1	10.0	小空	难	无	无	薄

【利用价值】可用作甘蔗育种亲本，用于高产、强宿根品种的选育。

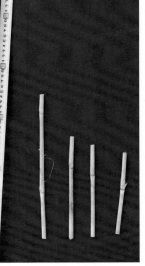

75. 寨沙割手密 2

【采集地】广西柳州市鹿寨县寨沙镇寨沙社区。

【类型及分布】属于禾本科甘蔗属，在丘陵起伏地带的公路旁群生分布。

【特征特性】寨沙割手密 2 的基本特征及优异性状见下表，植株较高，锤度较高，茎实心，难脱叶，有气根，57 号毛群少，薄蜡粉带，耐旱耐瘠。

名称	株高 /cm	茎径 /cm	叶长 /cm	叶宽 /cm	锤度 /%	空蒲心	脱叶性	气根性	57 号毛群	蜡粉带
寨沙割手密 2	150	0.49	94.2	1.0	12.5	无	难	有	少	薄

【利用价值】可用作甘蔗育种亲本，用于耐旱品种的选育。

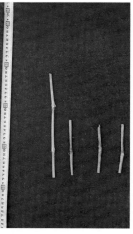

76. 教化割手密

【采集地】广西柳州市鹿寨县寨沙镇教化村。

【类型及分布】属于禾本科甘蔗属，在丘陵起伏地带的公路旁群生分布。

【特征特性】教化割手密的基本特征及优异性状见下表，植株较高，锤度较高，茎中空，难脱叶，无气根，无 57 号毛群，薄蜡粉带，分蘖力强，耐旱性好。

名称	株高 /cm	茎径 /cm	叶长 /cm	叶宽 /cm	锤度 /%	空蒲心	脱叶性	气根性	57 号毛群	蜡粉带
教化割手密	182	0.62	86.2	0.8	13.0	中空	难	无	无	薄

【利用价值】可用作甘蔗育种亲本，用于耐旱、强分蘖品种的选育。

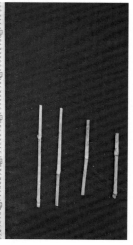

77. 窑上割手密

【**采集地**】广西柳州市鹿寨县鹿寨镇窑上村。

【**类型及分布**】属于禾本科甘蔗属，在丘陵起伏地带的灌丛下群生分布。

【**特征特性**】窑上割手密的基本特征及优异性状见下表，植株较矮，锤度较高，茎实心，难脱叶，无气根，无 57 号毛群，薄蜡粉带，宿根性强。

名称	株高 /cm	茎径 /cm	叶长 /cm	叶宽 /cm	锤度 /%	空蒲心	脱叶性	气根性	57 号毛群	蜡粉带
窑上割手密	132	0.55	78.0	0.7	11.6	无	难	无	无	薄

【**利用价值**】可用作甘蔗育种亲本，用于强宿根品种的选育。

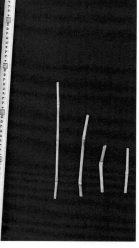

78. 大村割手密

【**采集地**】广西柳州市鹿寨县鹿寨镇大村村。

【**类型及分布**】属于禾本科甘蔗属，在丘陵起伏地带的池塘边群生分布。

【**特征特性**】大村割手密的基本特征及优异性状见下表，植株较矮，锤度较高，茎实心，难脱叶，无气根，无 57 号毛群，薄蜡粉带，宿根性强。

名称	株高 /cm	茎径 /cm	叶长 /cm	叶宽 /cm	锤度 /%	空蒲心	脱叶性	气根性	57 号毛群	蜡粉带
大村割手密	136	0.45	79.5	0.6	11.2	无	难	无	无	薄

【**利用价值**】可用作甘蔗育种亲本，用于强宿根品种的选育。

79. 长盛割手密

【采集地】广西柳州市鹿寨县中渡镇长盛村。

【类型及分布】属于禾本科甘蔗属，在丘陵起伏地带的农田边散生分布。

【特征特性】长盛割手密的基本特征及优异性状见下表，植株较矮，锤度较高，茎实心，难脱叶，无气根，无 57 号毛群，薄蜡粉带，分蘖力强。

名称	株高 /cm	茎径 /cm	叶长 /cm	叶宽 /cm	锤度 /%	空蒲心	脱叶性	气根性	57 号毛群	蜡粉带
长盛割手密	146	0.49	98.5	0.8	11.2	无	难	无	无	薄

【利用价值】可用作甘蔗育种亲本，用于强分蘖品种的选育。

80. 福龙割手密

【采集地】广西柳州市鹿寨县中渡镇福龙村。

【类型及分布】属于禾本科甘蔗属，在丘陵起伏地带的农田边散生分布。

【特征特性】福龙割手密的基本特征及优异性状见下表，植株高大，锤度较低，茎中蒲，难脱叶，有气根，无57号毛群，厚蜡粉带，宿根性强。

名称	株高 /cm	茎径 /cm	叶长 /cm	叶宽 /cm	锤度 /%	空蒲心	脱叶性	气根性	57 号毛群	蜡粉带
福龙割手密	213	0.94	115.0	1.1	7.0	中蒲	难	有	无	厚

【利用价值】可用作甘蔗育种亲本，用于高产、强宿根品种的选育。

81. 平山割手密

【采集地】广西柳州市鹿寨县平山镇平山社区。

【类型及分布】属于禾本科甘蔗属，在丘陵起伏地带的农田边散生分布。

【特征特性】平山割手密的基本特征及优异性状见下表，植株高大，锤度较高，茎中蒲，难脱叶，无气根，无57号毛群，薄蜡粉带，耐旱性好。

名称	株高 /cm	茎径 /cm	叶长 /cm	叶宽 /cm	锤度 /%	空蒲心	脱叶性	气根性	57 号毛群	蜡粉带
平山割手密	201	0.76	71.0	1.2	10.0	中蒲	难	无	无	薄

【利用价值】可用作甘蔗育种亲本，用于高产、耐旱品种的选育。

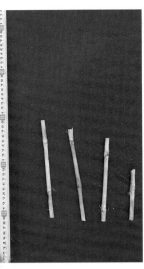

82. 大阳割手密

【采集地】广西柳州市鹿寨县平山镇大阳村。

【类型及分布】属于禾本科甘蔗属，在丘陵起伏地带的农田边散生分布。

【特征特性】大阳割手密的基本特征及优异性状见下表，植株较矮，锤度较高，茎小空，难脱叶，无气根，无 57 号毛群，薄蜡粉带，宿根性强。

名称	株高 /cm	茎径 /cm	叶长 /cm	叶宽 /cm	锤度 /%	空蒲心	脱叶性	气根性	57 号毛群	蜡粉带
大阳割手密	132	0.54	106.8	0.9	13.0	小空	难	无	无	薄

【利用价值】可用作甘蔗育种亲本，用于强宿根品种的选育。

83. 大兆割手密

【采集地】广西柳州市鹿寨县中渡镇大兆村。

【类型及分布】属于禾本科甘蔗属，在丘陵起伏地带的农田边散生分布。

【特征特性】大兆割手密的基本特征及优异性状见下表，植株较高，锤度较高，茎实心，难脱叶，无气根，无57号毛群，厚蜡粉带，宿根性强。

名称	株高/cm	茎径/cm	叶长/cm	叶宽/cm	锤度/%	空蒲心	脱叶性	气根性	57号毛群	蜡粉带
大兆割手密	153	0.79	84.3	1.1	10.0	无	难	无	无	厚

【利用价值】可用作甘蔗育种亲本，用于强宿根品种的选育。

84. 长塘割手密

【采集地】广西柳州市鹿寨县寨沙镇长塘村。

【类型及分布】属于禾本科甘蔗属，在丘陵起伏地带的公路旁散生分布。

【特征特性】长塘割手密的基本特征及优异性状见下表，植株高大，茎粗壮，锤度低，茎小空，难脱叶，无气根，无57号毛群，厚蜡粉带，分蘖力强。

名称	株高/cm	茎径/cm	叶长/cm	叶宽/cm	锤度/%	空蒲心	脱叶性	气根性	57号毛群	蜡粉带
长塘割手密	271	1.12	106.5	0.9	4.5	小空	难	无	无	厚

【利用价值】可用作甘蔗育种亲本，用于高产、强分蘖品种的选育。

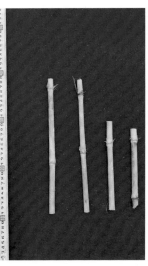

85. 六脉割手密

【采集地】广西柳州市鹿寨县黄冕镇六脉村。

【类型及分布】属于禾本科甘蔗属,在丘陵起伏地带的公路旁散生分布。

【特征特性】六脉割手密的基本特征及优异性状见下表,植株较高,锤度较低,茎实心,难脱叶,无气根,57号毛群少,薄蜡粉带,耐旱性好。

名称	株高 /cm	茎径 /cm	叶长 /cm	叶宽 /cm	锤度 /%	空蒲心	脱叶性	气根性	57 号毛群	蜡粉带
六脉割手密	173	0.74	77.5	0.8	8.4	无	难	无	少	薄

【利用价值】可用作甘蔗育种亲本,用于耐旱品种的选育。

86. 幽兰割手密

【采集地】广西柳州市鹿寨县黄冕镇幽兰村。

【类型及分布】属于禾本科甘蔗属，在丘陵起伏地带的农田边散生分布。

【特征特性】幽兰割手密的基本特征及优异性状见下表，植株高大，锤度较高，茎实心，难脱叶，无气根，57 号毛群少，厚蜡粉带，宿根性强。

名称	株高 /cm	茎径 /cm	叶长 /cm	叶宽 /cm	锤度 /%	空蒲心	脱叶性	气根性	57 号毛群	蜡粉带
幽兰割手密	227	0.71	96.2	0.8	10.8	无	难	无	少	厚

【利用价值】可用作甘蔗育种亲本，用于高产、强宿根品种的选育。

87. 黄冕割手密

【采集地】广西柳州市鹿寨县黄冕镇黄冕村。

【类型及分布】属于禾本科甘蔗属，在丘陵起伏地带的农田旁散生分布。

【特征特性】黄冕割手密的基本特征及优异性状见下表，植株高大，锤度较高，茎实心，难脱叶，无气根，无 57 号毛群，厚蜡粉带，耐旱耐瘠。

名称	株高 /cm	茎径 /cm	叶长 /cm	叶宽 /cm	锤度 /%	空蒲心	脱叶性	气根性	57 号毛群	蜡粉带
黄冕割手密	204	0.66	69.5	1.1	13.0	无	难	无	无	厚

【利用价值】可用作甘蔗育种亲本，用于高产、耐旱品种的选育。

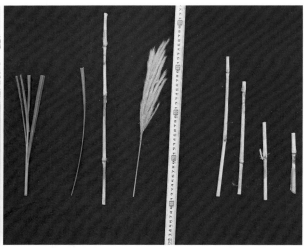

88. 大端割手密

【采集地】广西柳州市鹿寨县黄冕镇大端村。

【类型及分布】属于禾本科甘蔗属，在丘陵起伏地带的公路旁散生分布。

【特征特性】大端割手密的基本特征及优异性状见下表，植株较高，锤度较高，茎实心，难脱叶，无气根，无57号毛群，薄蜡粉带，宿根性强。

名称	株高/cm	茎径/cm	叶长/cm	叶宽/cm	锤度/%	空蒲心	脱叶性	气根性	57号毛群	蜡粉带
大端割手密	180	0.51	84.5	0.8	10.2	无	难	无	无	薄

【利用价值】可用作甘蔗育种亲本，用于强宿根品种的选育。

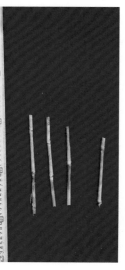

89. 东华割手密

【采集地】广西柳州市融水苗族自治县融水镇东华村。

【类型及分布】属于禾本科甘蔗属，在平原平坦地带的农田边散生分布。

【特征特性】东华割手密的基本特征及优异性状见下表，植株较矮，锤度较高，茎实心，难脱叶，无气根，无 57 号毛群，厚蜡粉带，宿根性强。

名称	株高 /cm	茎径 /cm	叶长 /cm	叶宽 /cm	锤度 /%	空蒲心	脱叶性	气根性	57 号毛群	蜡粉带
东华割手密	114	0.56	107.0	0.5	11.2	无	难	无	无	厚

【利用价值】可用作甘蔗育种亲本，用于强宿根品种的选育。

90. 四合割手密

【采集地】广西柳州市融水苗族自治县四荣乡四合村。

【类型及分布】属于禾本科甘蔗属，在盆地平坦地带的河滩边群生分布。

【特征特性】四合割手密的基本特征及优异性状见下表，植株较高，锤度高，茎中蒲，难脱叶，无气根，无 57 号毛群，无蜡粉带，分蘖力强。

名称	株高 /cm	茎径 /cm	叶长 /cm	叶宽 /cm	锤度 /%	空蒲心	脱叶性	气根性	57 号毛群	蜡粉带
四合割手密	167	0.52	90.0	0.4	17.4	中蒲	难	无	无	无

【利用价值】可用作甘蔗育种亲本，用于高糖、强分蘖品种的选育。

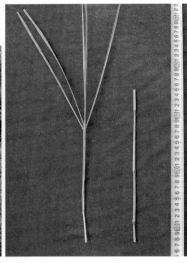

91. 江潭割手密

【采集地】广西柳州市融水苗族自治县四荣乡江潭村。

【类型及分布】属于禾本科甘蔗属，在山地坑洼地带的湖泊边散生分布。

【特征特性】江潭割手密的基本特征及优异性状见下表，植株矮，锤度较高，茎中蒲，难脱叶，无气根，57号毛群少，薄蜡粉带，宿根性强。

名称	株高 /cm	茎径 /cm	叶长 /cm	叶宽 /cm	锤度 /%	空蒲心	脱叶性	气根性	57 号毛群	蜡粉带
江潭割手密	91	0.51	92.0	0.6	11.2	中蒲	难	无	少	薄

【利用价值】可用作甘蔗育种亲本，用于强宿根品种的选育。

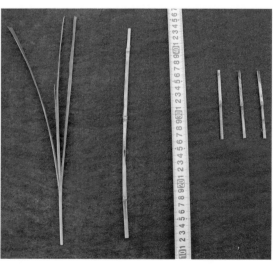

92. 中寨割手密

【采集地】广西柳州市融水苗族自治县怀宝镇中寨村。

【类型及分布】属于禾本科甘蔗属，在山地起伏地带的河滩边群生分布。

【特征特性】中寨割手密的基本特征及优异性状见下表，植株高大，锤度较高，茎小蒲，难脱叶，无气根，无57号毛群，厚蜡粉带，生长势好，分蘖力强。

名称	株高/cm	茎径/cm	叶长/cm	叶宽/cm	锤度/%	空蒲心	脱叶性	气根性	57号毛群	蜡粉带
中寨割手密	202	0.63	100.0	0.8	11.7	小蒲	难	无	无	厚

【利用价值】可用作甘蔗育种亲本，用于高产、强分蘖品种的选育。

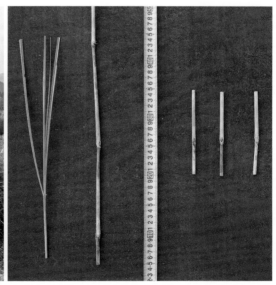

93. 河村割手密

【采集地】广西柳州市融水苗族自治县怀宝镇河村村。

【类型及分布】属于禾本科甘蔗属，在山地坑洼地带的溪边散生分布。

【特征特性】河村割手密的基本特征及优异性状见下表，植株矮，锤度较高，茎实心，难脱叶，无气根，57号毛群多，厚蜡粉带，宿根性强。

名称	株高/cm	茎径/cm	叶长/cm	叶宽/cm	锤度/%	空蒲心	脱叶性	气根性	57号毛群	蜡粉带
河村割手密	60	0.71	47.5	0.8	12.7	无	难	无	多	厚

【利用价值】可用作甘蔗育种亲本，用于强宿根品种的选育。

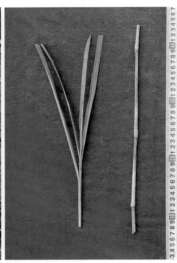
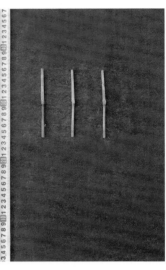

94. 大方割手密

【采集地】广西柳州市融水苗族自治县香粉乡大方村。

【类型及分布】属于禾本科甘蔗属，在平原平坦地带的溪边群生分布。

【特征特性】大方割手密的基本特征及优异性状见下表，植株较矮，锤度较高，茎小蒲，难脱叶，无气根，无 57 号毛群，厚蜡粉带，耐涝性好。

名称	株高 /cm	茎径 /cm	叶长 /cm	叶宽 /cm	锤度 /%	空蒲心	脱叶性	气根性	57 号毛群	蜡粉带
大方割手密	148	0.65	101.0	1.0	11.4	小蒲	难	无	无	厚

【利用价值】可用作甘蔗育种亲本，用于耐涝品种的选育。

95. 麻石割手密

【采集地】广西柳州市融水苗族自治县大浪镇麻石村。

【类型及分布】属于禾本科甘蔗属，在平原平坦地带的湖泊边群生分布。

【特征特性】麻石割手密的基本特征及优异性状见下表，植株较矮，锤度较高，茎小蒲，难脱叶，无气根，无 57 号毛群，薄蜡粉带，宿根性强。

名称	株高 /cm	茎径 /cm	叶长 /cm	叶宽 /cm	锤度 /%	空蒲心	脱叶性	气根性	57 号毛群	蜡粉带
麻石割手密	143	0.57	85.0	0.7	11.1	小蒲	难	无	无	薄

【利用价值】可用作甘蔗育种亲本，用于强宿根品种的选育。

96. 大年割手密

【采集地】广西柳州市融水苗族自治县大年乡大年村。

【类型及分布】属于禾本科甘蔗属，在平原平坦地带的河滩边群生分布。

【特征特性】大年割手密的基本特征及优异性状见下表，植株高大，锤度较高，茎中蒲，难脱叶，无气根，57 号毛群少，厚蜡粉带，宿根性强。

名称	株高 /cm	茎径 /cm	叶长 /cm	叶宽 /cm	锤度 /%	空蒲心	脱叶性	气根性	57 号毛群	蜡粉带
大年割手密	204	0.82	50.0	0.9	11.7	中蒲	难	无	少	厚

【利用价值】可用作甘蔗育种亲本，用于高产、强宿根品种的选育。

97. 和睦割手密 1

【**采集地**】广西柳州市融水苗族自治县和睦镇和睦村。

【**类型及分布**】属于禾本科甘蔗属，在平原平坦地带的公路旁群生分布。

【**特征特性**】和睦割手密 1 的基本特征及优异性状见下表，植株高大，锤度较高，茎中蒲，难脱叶，无气根，无 57 号毛群，薄蜡粉带，耐旱耐瘠。

名称	株高 /cm	茎径 /cm	叶长 /cm	叶宽 /cm	锤度 /%	空蒲心	脱叶性	气根性	57 号毛群	蜡粉带
和睦割手密 1	202	0.81	100.0	1.1	10.3	中蒲	难	无	无	薄

【**利用价值**】可用作甘蔗育种亲本，用于高产、耐旱品种的选育。

98. 桂平岩割手密

【采集地】广西桂林市灌阳县洞井瑶族乡桂平岩村。

【类型及分布】属于禾本科甘蔗属，在丘陵平坦地带的农田旁散生分布。

【特征特性】桂平岩割手密的基本特征及优异性状见下表，植株较矮，锤度较高，茎实心，难脱叶，无气根，57号毛群少，薄蜡粉带，宿根性强。

名称	株高/cm	茎径/cm	叶长/cm	叶宽/cm	锤度/%	空蒲心	脱叶性	气根性	57号毛群	蜡粉带
桂平岩割手密	124	0.49	97.1	0.6	11.0	无	难	无	少	薄

【利用价值】可用作甘蔗育种亲本，用于强宿根品种的选育。

99. 文洞割手密

【采集地】广西桂林市资源县资源镇文洞村。

【类型及分布】属于禾本科甘蔗属，在盆地平坦地带的农田边散生分布。

【特征特性】文洞割手密的基本特征及优异性状见下表，植株高大，锤度较高，茎实心，易脱叶，无气根，无57号毛群，无蜡粉带，分蘖力强。

名称	株高/cm	茎径/cm	叶长/cm	叶宽/cm	锤度/%	空蒲心	脱叶性	气根性	57号毛群	蜡粉带
文洞割手密	216	0.47	52.0	0.5	14.2	无	易	无	无	无

【利用价值】可用作甘蔗育种亲本，用于高产、强分蘖品种的选育。

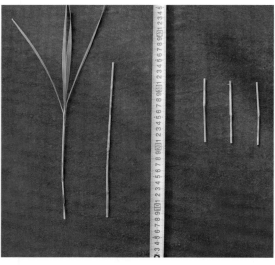

100. 大田割手密

【采集地】广西桂林市资源县瓜里乡大田村。

【类型及分布】属于禾本科甘蔗属，在山地坑洼地带的河滩旁散生分布。

【特征特性】大田割手密的基本特征及优异性状见下表，植株较高，锤度高，茎实心，难脱叶，无气根，57号毛群少，薄蜡粉带，宿根性强。

名称	株高/cm	茎径/cm	叶长/cm	叶宽/cm	锤度/%	空蒲心	脱叶性	气根性	57号毛群	蜡粉带
大田割手密	161	0.34	21.0	0.3	17.1	无	难	无	少	薄

【利用价值】可用作甘蔗育种亲本，用于高糖、强宿根品种的选育。

101. 大坨割手密

【**采集地**】广西桂林市资源县梅溪镇大坨村。

【**类型及分布**】属于禾本科甘蔗属，在山地坑洼地带的公路旁散生分布。

【**特征特性**】大坨割手密的基本特征及优异性状见下表，植株较矮，锤度较低，茎实心，难脱叶，无气根，无57号毛群，无蜡粉带，宿根性强。

名称	株高/cm	茎径/cm	叶长/cm	叶宽/cm	锤度/%	空蒲心	脱叶性	气根性	57号毛群	蜡粉带
大坨割手密	130	0.24	40.0	1.1	9.0	无	难	无	无	无

【**利用价值**】可用作甘蔗育种亲本，用于强宿根品种的选育。

102. 官洞割手密

【**采集地**】广西桂林市资源县资源镇官洞村。

【**类型及分布**】属于禾本科甘蔗属，在山地坑洼地带的田埂边群生分布。

【**特征特性**】官洞割手密的基本特征及优异性状见下表，植株矮，锤度较高，茎小蒲，难脱叶，无气根，无57号毛群，薄蜡粉带，宿根性强。

名称	株高/cm	茎径/cm	叶长/cm	叶宽/cm	锤度/%	空蒲心	脱叶性	气根性	57号毛群	蜡粉带
官洞割手密	85	0.47	86.0	0.8	10.0	小蒲	难	无	无	薄

【**利用价值**】可用作甘蔗育种亲本，用于强宿根品种的选育。

103. 浦田割手密

【采集地】广西桂林市资源县资源镇浦田村。

【类型及分布】属于禾本科甘蔗属，在山地坑洼地带的溪边群生分布。

【特征特性】浦田割手密的基本特征及优异性状见下表，植株较矮，锤度较高，茎小蒲，难脱叶，无气根，无57号毛群，薄蜡粉带，宿根性强。

名称	株高/cm	茎径/cm	叶长/cm	叶宽/cm	锤度/%	空蒲心	脱叶性	气根性	57号毛群	蜡粉带
浦田割手密	102	0.52	82.0	0.7	14.6	小蒲	难	无	无	薄

【利用价值】可用作甘蔗育种亲本，用于强宿根品种的选育。

104. 石溪头割手密

【采集地】广西桂林市资源县资源镇石溪头村。

【类型及分布】属于禾本科甘蔗属，在山地平坦地带的公路旁群生分布。

【特征特性】石溪头割手密的基本特征及优异性状见下表，植株高大，锤度较高，茎小蒲，难脱叶，无气根，无 57 号毛群，薄蜡粉带，耐旱性好。

名称	株高 /cm	茎径 /cm	叶长 /cm	叶宽 /cm	锤度 /%	空蒲心	脱叶性	气根性	57 号毛群	蜡粉带
石溪头割手密	241	0.50	84.0	0.9	13.0	小蒲	难	无	无	薄

【利用价值】可用作甘蔗育种亲本，用于高产、耐旱品种的选育。

105. 车田湾割手密

【采集地】广西桂林市资源县中峰镇车田湾村。

【类型及分布】属于禾本科甘蔗属，在盆地坑洼地带的公路旁群生分布。

【特征特性】车田湾割手密的基本特征及优异性状见下表，植株较高，锤度较高，茎小蒲，难脱叶，无气根，无 57 号毛群，薄蜡粉带，分蘖力强。

名称	株高 /cm	茎径 /cm	叶长 /cm	叶宽 /cm	锤度 /%	空蒲心	脱叶性	气根性	57 号毛群	蜡粉带
车田湾割手密	178	0.69	92.0	1.0	12.8	小蒲	难	无	无	薄

【利用价值】可用作甘蔗育种亲本，用于强分蘖品种的选育。

106. 平寨割手密

【采集地】广西百色市隆林各族自治县平班镇平寨村。

【类型及分布】属于禾本科甘蔗属，在山地起伏地带的田埂边群生分布。

【特征特性】平寨割手密的基本特征及优异性状见下表，植株高大，锤度较高，茎实心，难脱叶，无气根，57 号毛群多，薄蜡粉带，分蘖力强。

名称	株高 /cm	茎径 /cm	叶长 /cm	叶宽 /cm	锤度 /%	空蒲心	脱叶性	气根性	57 号毛群	蜡粉带
平寨割手密	223	0.55	90.5	1.4	10.0	无	难	无	多	薄

【利用价值】可用作甘蔗育种亲本，用于高产、强分蘖品种的选育。

107. 民福割手密

【采集地】广西百色市隆林各族自治县新州镇民福村。

【类型及分布】属于禾本科甘蔗属，在山地起伏地带的田埂边群生分布。

【特征特性】民福割手密的基本特征及优异性状见下表，植株矮，锤度较高，茎小空，难脱叶，无气根，无57号毛群，薄蜡粉带，分蘖力强。

名称	株高 /cm	茎径 /cm	叶长 /cm	叶宽 /cm	锤度 /%	空蒲心	脱叶性	气根性	57 号毛群	蜡粉带
民福割手密	98	0.55	100.0	1.1	12.0	小空	难	无	无	薄

【利用价值】可用作甘蔗育种亲本，用于强分蘖品种的选育。

108. 民乐割手密

【采集地】广西百色市隆林各族自治县平班镇民乐村。

【类型及分布】属于禾本科甘蔗属，在山地坑洼地带的田埂边群生分布。

【特征特性】民乐割手密的基本特征及优异性状见下表，植株矮，锤度较高，茎小蒲，难脱叶，无气根，无57号毛群，薄蜡粉带，宿根性强。

名称	株高 /cm	茎径 /cm	叶长 /cm	叶宽 /cm	锤度 /%	空蒲心	脱叶性	气根性	57 号毛群	蜡粉带
民乐割手密	42	0.54	104.0	0.6	10.0	小蒲	难	无	无	薄

【利用价值】可用作甘蔗育种亲本，用于强宿根品种的选育。

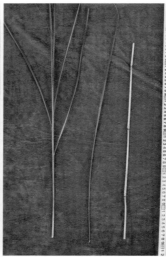

109. 母姑割手密

【**采集地**】广西百色市隆林各族自治县平班镇母姑村。

【**类型及分布**】属于禾本科甘蔗属，在山地坑洼地带的田埂边散生分布。

【**特征特性**】母姑割手密的基本特征及优异性状见下表，植株矮，锤度较低，茎中蒲，难脱叶，无气根，57 号毛群少，薄蜡粉带，宿根性强。

名称	株高/cm	茎径/cm	叶长/cm	叶宽/cm	锤度/%	空蒲心	脱叶性	气根性	57号毛群	蜡粉带
母姑割手密	83	0.47	99.0	0.7	8.0	中蒲	难	无	少	薄

【**利用价值**】可用作甘蔗育种亲本，用于强宿根品种的选育。

110. 同福割手密

【采集地】广西百色市隆林各族自治县者保乡同福村。

【类型及分布】属于禾本科甘蔗属，在山地坑洼地带的田埂边散生分布。

【特征特性】同福割手密的基本特征及优异性状见下表，植株矮，锤度较高，茎实心，难脱叶，无气根，无57号毛群，薄蜡粉带，宿根性强。

名称	株高/cm	茎径/cm	叶长/cm	叶宽/cm	锤度/%	空蒲心	脱叶性	气根性	57号毛群	蜡粉带
同福割手密	92	0.53	88.0	0.7	10.0	无	难	无	无	薄

【利用价值】可用作甘蔗育种亲本，用于强宿根品种的选育。

111. 巴内割手密

【采集地】广西百色市隆林各族自治县者保乡巴内村。

【类型及分布】属于禾本科甘蔗属，在山地起伏地带的田埂边散生分布。

【特征特性】巴内割手密的基本特征及优异性状见下表，植株矮，锤度较低，茎实心，难脱叶，无气根，57号毛群少，薄蜡粉带，宿根性强。

名称	株高/cm	茎径/cm	叶长/cm	叶宽/cm	锤度/%	空蒲心	脱叶性	气根性	57号毛群	蜡粉带
巴内割手密	66	0.46	104.0	0.8	7.0	无	难	无	少	薄

【利用价值】可用作甘蔗育种亲本，用于强宿根品种的选育。

112. 纳贡割手密

【采集地】广西百色市隆林各族自治县桠杈镇纳贡村。

【类型及分布】属于禾本科甘蔗属，在山地平坦地带的公路旁散生分布。

【特征特性】纳贡割手密的基本特征及优异性状见下表，植株较高，锤度较高，茎实心，难脱叶，无气根，57号毛群多，薄蜡粉带，分蘖力强。

名称	株高/cm	茎径/cm	叶长/cm	叶宽/cm	锤度/%	空蒲心	脱叶性	气根性	57号毛群	蜡粉带
纳贡割手密	188	0.94	127.0	1.4	14.5	无	难	无	多	薄

【利用价值】可用作甘蔗育种亲本，用于高产、强分蘖品种的选育。

113. 风仁割手密

【采集地】广西百色市隆林各族自治县天生桥镇风仁村。

【类型及分布】属于禾本科甘蔗属，在山地起伏地带的田埂边群生分布。

【特征特性】风仁割手密的基本特征及优异性状见下表，植株较矮，锤度较低，茎实心，难脱叶，无气根，57 号毛群少，薄蜡粉带，宿根性强。

名称	株高/cm	茎径/cm	叶长/cm	叶宽/cm	锤度/%	空蒲心	脱叶性	气根性	57号毛群	蜡粉带
风仁割手密	104	0.54	104.5	0.6	8.0	无	难	无	少	薄

【利用价值】可用作甘蔗育种亲本，用于强宿根品种的选育。

114. 祥播割手密

【采集地】广西百色市隆林各族自治县天生桥镇祥播村。

【类型及分布】属于禾本科甘蔗属，在山地起伏地带的田埂边群生分布。

【特征特性】祥播割手密的基本特征及优异性状见下表，植株较高，锤度较低，茎实心，难脱叶，无气根，57 号毛群多，厚蜡粉带，分蘖力强。

名称	株高/cm	茎径/cm	叶长/cm	叶宽/cm	锤度/%	空蒲心	脱叶性	气根性	57号毛群	蜡粉带
祥播割手密	156	0.64	103.0	0.9	8.0	无	难	无	多	厚

【利用价值】可用作甘蔗育种亲本，用于强分蘖品种的选育。

115. 者浪割手密

【采集地】广西百色市隆林各族自治县者浪乡者浪村。

【类型及分布】属于禾本科甘蔗属，在山地起伏地带的田埂边群生分布。

【特征特性】者浪割手密的基本特征及优异性状见下表，植株较矮，锤度较高，茎实心，难脱叶，无气根，57 号毛群少，薄蜡粉带，宿根性强。

名称	株高 /cm	茎径 /cm	叶长 /cm	叶宽 /cm	锤度 /%	空蒲心	脱叶性	气根性	57 号毛群	蜡粉带
者浪割手密	129	0.59	79.0	1.0	11.0	无	难	无	少	薄

【利用价值】可用作甘蔗育种亲本，用于强宿根品种的选育。

116. 河马割手密

【采集地】广西百色市隆林各族自治县克长乡河马村。

【类型及分布】属于禾本科甘蔗属，在盆地平坦地带的公路旁散生分布。

【特征特性】河马割手密的基本特征及优异性状见下表，植株较矮，锤度较高，茎小蒲，难脱叶，无气根，57 号毛群少，薄蜡粉带，耐旱性强。

名称	株高 /cm	茎径 /cm	叶长 /cm	叶宽 /cm	锤度 /%	空蒲心	脱叶性	气根性	57 号毛群	蜡粉带
河马割手密	149	0.59	127.0	1.1	10.6	小蒲	难	无	少	薄

【利用价值】可用作甘蔗育种亲本，用于耐旱品种的选育。

117. 烂滩割手密

【采集地】广西百色市隆林各族自治县克长乡烂滩村。

【类型及分布】属于禾本科甘蔗属，在盆地平坦地带的田埂边群生分布。

【特征特性】烂滩割手密的基本特征及优异性状见下表，植株高大，锤度较高，茎小蒲，难脱叶，无气根，57 号毛群较多，薄蜡粉带，宿根性强。

名称	株高 /cm	茎径 /cm	叶长 /cm	叶宽 /cm	锤度 /%	空蒲心	脱叶性	气根性	57 号毛群	蜡粉带
烂滩割手密	201	0.53	111.8	0.9	13.0	小蒲	难	无	较多	薄

【利用价值】可用作甘蔗育种亲本，用于高产、强宿根品种的选育。

118. 联合割手密

【采集地】广西百色市隆林各族自治县克长乡联合村。

【类型及分布】属于禾本科甘蔗属，在盆地平坦地带的田埂边群生分布。

【特征特性】联合割手密的基本特征及优异性状见下表，植株较矮，锤度较高，茎小蒲，难脱叶，无气根，57 号毛群较多，薄蜡粉带，耐旱耐瘠。

名称	株高 /cm	茎径 /cm	叶长 /cm	叶宽 /cm	锤度 /%	空蒲心	脱叶性	气根性	57 号毛群	蜡粉带
联合割手密	139	0.53	105.0	0.9	13.0	小蒲	难	无	较多	薄

【利用价值】可用作甘蔗育种亲本，用于耐旱品种的选育。

119. 三哨割手密

【采集地】广西崇左市扶绥县中东镇三哨村。

【类型及分布】属于禾本科甘蔗属，在山地起伏地带的水塘边群生分布。

【特征特性】三哨割手密的基本特征及优异性状见下表，植株较矮，锤度较低，茎实心，难脱叶，无气根，57 号毛群少，薄蜡粉带，宿根性强。

名称	株高 /cm	茎径 /cm	叶长 /cm	叶宽 /cm	锤度 /%	空蒲心	脱叶性	气根性	57 号毛群	蜡粉带
三哨割手密	133	0.49	60.0	0.5	8.8	无	难	无	少	薄

【利用价值】可用作甘蔗育种亲本，用于强宿根品种的选育。

120. 中东割手密

【采集地】广西崇左市扶绥县中东镇中东社区。

【类型及分布】属于禾本科甘蔗属，在山地坑洼地带的河流边散生分布。

【特征特性】中东割手密的基本特征及优异性状见下表，植株矮，锤度较低，茎小空，难脱叶，无气根，无 57 号毛群，薄蜡粉带，耐涝性好。

名称	株高 /cm	茎径 /cm	叶长 /cm	叶宽 /cm	锤度 /%	空蒲心	脱叶性	气根性	57 号毛群	蜡粉带
中东割手密	86	0.49	96.0	0.5	7.4	小空	难	无	无	薄

【利用价值】可用作甘蔗育种亲本，用于耐涝品种的选育。

121. 龙头割手密 1

【采集地】广西崇左市扶绥县龙头乡龙头社区。

【类型及分布】属于禾本科甘蔗属，在丘陵起伏地带的灌丛下群生分布。

【特征特性】龙头割手密 1 的基本特征及优异性状见下表，植株较矮，锤度较低，茎小空，难脱叶，无气根，无 57 号毛群，薄蜡粉带，宿根性强。

名称	株高 /cm	茎径 /cm	叶长 /cm	叶宽 /cm	锤度 /%	空蒲心	脱叶性	气根性	57 号毛群	蜡粉带
龙头割手密 1	101	0.43	73.0	1.0	8.2	小空	难	无	无	薄

【利用价值】可用作甘蔗育种亲本，用于强宿根品种的选育。

122. 汪庄割手密

【采集地】广西崇左市扶绥县渠黎镇汪庄村。

【类型及分布】属于禾本科甘蔗属，在丘陵坑洼地带的水塘边散生分布。

【特征特性】汪庄割手密的基本特征及优异性状见下表，植株矮，锤度较低，茎小空，难脱叶，无气根，无 57 号毛群，薄蜡粉带，耐涝性好。

名称	株高 /cm	茎径 /cm	叶长 /cm	叶宽 /cm	锤度 /%	空蒲心	脱叶性	气根性	57 号毛群	蜡粉带
汪庄割手密	71	0.41	52.0	0.3	8.4	小空	难	无	无	薄

【利用价值】可用作甘蔗育种亲本，用于耐涝品种的选育。

123. 渠荣割手密

【采集地】广西崇左市扶绥县东门镇渠荣村。

【类型及分布】属于禾本科甘蔗属，在山地坑洼地带的水塘边散生分布。

【特征特性】渠荣割手密的基本特征及优异性状见下表，植株较高，锤度较高，茎实心，难脱叶，无气根，57 号毛群少，薄蜡粉带，宿根性强。

名称	株高 /cm	茎径 /cm	叶长 /cm	叶宽 /cm	锤度 /%	空蒲心	脱叶性	气根性	57 号毛群	蜡粉带
渠荣割手密	170	0.56	70.0	0.5	13.0	无	难	无	少	薄

【利用价值】可用作甘蔗育种亲本，用于强宿根品种的选育。

124. 山圩割手密

【采集地】广西崇左市扶绥县山圩镇山圩社区。

【类型及分布】属于禾本科甘蔗属，在平原平坦地带的公路边散生分布。

【特征特性】山圩割手密的基本特征及优异性状见下表，植株较高，锤度较低，茎小蒲，难脱叶，无气根，无 57 号毛群，薄蜡粉带，耐旱性好。

名称	株高 /cm	茎径 /cm	叶长 /cm	叶宽 /cm	锤度 /%	空蒲心	脱叶性	气根性	57 号毛群	蜡粉带
山圩割手密	182	0.65	56.0	0.6	9.0	小蒲	难	无	无	薄

【利用价值】可用作甘蔗育种亲本，用于耐旱品种的选育。

125. 三联割手密 2

【**采集地**】广西桂林市荔浦市青山镇三联村。

【**类型及分布**】属于禾本科甘蔗属，在山地起伏地带的灌丛中散生分布。

【**特征特性**】三联割手密 2 的基本特征及优异性状见下表，植株较高，锤度较高，茎小空，难脱叶，无气根，57 号毛群少，厚蜡粉带，分蘖力强。

名称	株高/cm	茎径/cm	叶长/cm	叶宽/cm	锤度/%	空蒲心	脱叶性	气根性	57 号毛群	蜡粉带
三联割手密 2	165	0.65	120.0	0.6	11.0	小空	难	无	少	厚

【**利用价值**】可用作甘蔗育种亲本，用于强分蘖品种的选育。

126. 满洞割手密

【**采集地**】广西桂林市荔浦市青山镇满洞村。

【**类型及分布**】属于禾本科甘蔗属，在丘陵坑洼地带的田埂边群生分布。

【**特征特性**】满洞割手密的基本特征及优异性状见下表，植株较高，锤度较高，茎中蒲，难脱叶，无气根，57 号毛群较多，厚蜡粉带，耐旱耐瘠，宿根性强。

名称	株高/cm	茎径/cm	叶长/cm	叶宽/cm	锤度/%	空蒲心	脱叶性	气根性	57 号毛群	蜡粉带
满洞割手密	175	0.60	74.0	0.4	12.2	中蒲	难	无	较多	厚

【**利用价值**】可用作甘蔗育种亲本，用于耐旱、强宿根品种的选育。

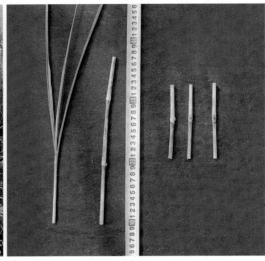

127. 福旺割手密

【采集地】广西桂林市荔浦市修仁镇福旺村。

【类型及分布】属于禾本科甘蔗属，在丘陵坑洼地带的田埂边散生分布。

【特征特性】福旺割手密的基本特征及优异性状见下表，植株较高，锤度较高，茎实心，难脱叶，无气根，57 号毛群少，无蜡粉带，宿根性强。

名称	株高 /cm	茎径 /cm	叶长 /cm	叶宽 /cm	锤度 /%	空蒲心	脱叶性	气根性	57 号毛群	蜡粉带
福旺割手密	173	0.60	97.0	0.7	11.2	无	难	无	少	无

【利用价值】可用作甘蔗育种亲本，用于强宿根品种的选育。

128. 滨江割手密

【采集地】广西桂林市荔浦市荔城镇滨江南路。

【类型及分布】属于禾本科甘蔗属，在盆地平坦地带的江边群生分布。

【特征特性】滨江割手密的基本特征及优异性状见下表，植株高大，锤度高，茎中蒲，难脱叶，无气根，无57号毛群，薄蜡粉带，整齐均匀，分蘖力强。

名称	株高/cm	茎径/cm	叶长/cm	叶宽/cm	锤度/%	空蒲心	脱叶性	气根性	57号毛群	蜡粉带
滨江割手密	208	0.86	80.0	0.7	16.0	中蒲	难	无	无	薄

【利用价值】可用作甘蔗育种亲本，用于高产、高糖、强分蘖品种的选育。

129. 栗木割手密

【采集地】广西桂林市荔浦市东昌镇栗木社区。

【类型及分布】属于禾本科甘蔗属，在丘陵起伏地带的农田边散生分布。

【特征特性】栗木割手密的基本特征及优异性状见下表，植株高大，锤度高，茎小空，难脱叶，有气根，57号毛群少，薄蜡粉带，宿根性强。

名称	株高/cm	茎径/cm	叶长/cm	叶宽/cm	锤度/%	空蒲心	脱叶性	气根性	57号毛群	蜡粉带
栗木割手密	247	0.62	112.0	1.0	15.2	小空	难	有	少	薄

【利用价值】可用作甘蔗育种亲本，用于高产、高糖、强宿根品种的选育。

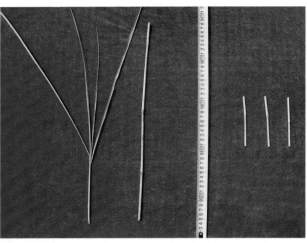

130. 两江割手密

【采集地】广西桂林市荔浦市双江镇两江社区。

【类型及分布】属于禾本科甘蔗属，在丘陵坑洼地带的河边散生分布。

【特征特性】两江割手密的基本特征及优异性状见下表，植株高大，锤度较低，茎中蒲，难脱叶，无气根，无 57 号毛群，薄蜡粉带，耐涝性好。

名称	株高 /cm	茎径 /cm	叶长 /cm	叶宽 /cm	锤度 /%	空蒲心	脱叶性	气根性	57 号毛群	蜡粉带
两江割手密	270	0.66	175.0	0.8	9.0	中蒲	难	无	无	薄

【利用价值】可用作甘蔗育种亲本，用于高产、耐涝品种的选育。

131. 广安割手密

【采集地】广西桂林市荔浦市马岭镇广安村。

【类型及分布】属于禾本科甘蔗属，在盆地平坦地带的草地中群生分布。

【特征特性】广安割手密的基本特征及优异性状见下表，植株较矮，锤度较低，茎实心，易脱叶，无气根，无 57 号毛群，薄蜡粉带，耐旱性强。

名称	株高 /cm	茎径 /cm	叶长 /cm	叶宽 /cm	锤度 /%	空蒲心	脱叶性	气根性	57 号毛群	蜡粉带
广安割手密	128	0.71	107.0	0.9	9.8	无	易	无	无	薄

【利用价值】可用作甘蔗育种亲本，用于耐旱品种的选育。

132. 东阳割手密

【采集地】广西桂林市荔浦市东昌镇东阳村。

【类型及分布】属于禾本科甘蔗属，在丘陵坑洼地带的田埂边群生分布。

【特征特性】东阳割手密的基本特征及优异性状见下表，植株矮，锤度高，茎小空，难脱叶，无气根，无 57 号毛群，薄蜡粉带，整齐均匀，分蘖力强。

名称	株高 /cm	茎径 /cm	叶长 /cm	叶宽 /cm	锤度 /%	空蒲心	脱叶性	气根性	57 号毛群	蜡粉带
东阳割手密	65	0.47	68.0	0.4	16.0	小空	难	无	无	薄

【利用价值】可用作甘蔗育种亲本，用于高糖、强分蘖品种的选育。

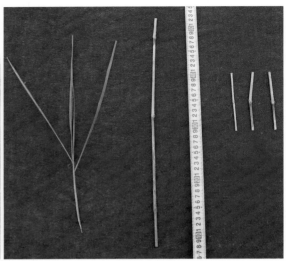

133. 八鲁割手密

【采集地】广西桂林市荔浦市新坪镇八鲁村。

【类型及分布】属于禾本科甘蔗属，在丘陵起伏地带的草地中散生分布。

【特征特性】八鲁割手密的基本特征及优异性状见下表，植株矮，锤度较高，茎实心，难脱叶，无气根，无57号毛群，厚蜡粉带，宿根性强。

名称	株高/cm	茎径/cm	叶长/cm	叶宽/cm	锤度/%	空蒲心	脱叶性	气根性	57号毛群	蜡粉带
八鲁割手密	73	0.40	96.0	0.7	12.6	无	难	无	无	厚

【利用价值】可用作甘蔗育种亲本，用于强宿根品种的选育。

134. 平怀割手密

【采集地】广西百色市凌云县下甲镇平怀村。

【类型及分布】属于禾本科甘蔗属，在山地坑洼地带的水塘边散生分布。

【特征特性】平怀割手密的基本特征及优异性状见下表，植株较矮，锤度较低，茎小空，难脱叶，有气根，无57号毛群，厚蜡粉带，耐涝性好，宿根性强。

名称	株高/cm	茎径/cm	叶长/cm	叶宽/cm	锤度/%	空蒲心	脱叶性	气根性	57号毛群	蜡粉带
平怀割手密	114	0.51	97.0	0.7	6.7	小空	难	有	无	厚

【利用价值】可用作甘蔗育种亲本，用于耐涝、强宿根品种的选育。

135. 彩架割手密

【采集地】广西百色市凌云县下甲镇彩架村。

【类型及分布】属于禾本科甘蔗属，在山地坑洼地带的田埂边散生分布。

【特征特性】彩架割手密的基本特征及优异性状见下表，植株较矮，锤度较低，茎中蒲，难脱叶，无气根，无57号毛群，厚蜡粉带，宿根性强。

名称	株高/cm	茎径/cm	叶长/cm	叶宽/cm	锤度/%	空蒲心	脱叶性	气根性	57号毛群	蜡粉带
彩架割手密	103	0.4	65.0	0.8	9.2	中蒲	难	无	无	厚

【利用价值】可用作甘蔗育种亲本，用于强宿根品种的选育。

136. 坪山割手密

【采集地】广西百色市凌云县下甲镇坪山村。

【类型及分布】属于禾本科甘蔗属，在山地坑洼地带的公路旁散生分布。

【特征特性】坪山割手密的基本特征及优异性状见下表，植株矮，锤度较高，茎大蒲，难脱叶，无气根，无57号毛群，薄蜡粉带，耐旱性好。

名称	株高 /cm	茎径 /cm	叶长 /cm	叶宽 /cm	锤度 /%	空蒲心	脱叶性	气根性	57 号毛群	蜡粉带
坪山割手密	74	0.50	93.0	1.1	13.8	大蒲	难	无	无	薄

【利用价值】可用作甘蔗育种亲本，用于耐旱品种的选育。

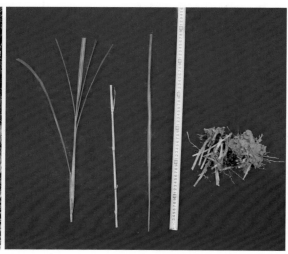

137. 旦村割手密

【采集地】广西百色市凌云县泗城镇旦村村。

【类型及分布】属于禾本科甘蔗属，在山地平坦地带的农田边群生分布。

【特征特性】旦村割手密的基本特征及优异性状见下表，植株较矮，锤度较低，茎小空，难脱叶，无气根，无57号毛群，厚蜡粉带，耐旱耐瘠。

名称	株高 /cm	茎径 /cm	叶长 /cm	叶宽 /cm	锤度 /%	空蒲心	脱叶性	气根性	57 号毛群	蜡粉带
旦村割手密	110	0.69	110.0	0.9	8.2	小空	难	无	无	厚

【利用价值】可用作甘蔗育种亲本，用于耐旱品种的选育。

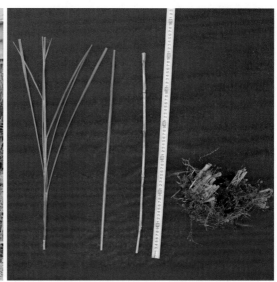

138. 玉保割手密

【采集地】广西百色市凌云县玉洪瑶族乡玉保村。

【类型及分布】属于禾本科甘蔗属，在丘陵平坦地带的田埂边散生分布。

【特征特性】玉保割手密的基本特征及优异性状见下表，植株矮，锤度较低，茎实心，难脱叶，无气根，无57号毛群，薄蜡粉带，宿根性强。

名称	株高 /cm	茎径 /cm	叶长 /cm	叶宽 /cm	锤度 /%	空蒲心	脱叶性	气根性	57 号毛群	蜡粉带
玉保割手密	90	0.52	84.0	0.7	6.0	无	难	无	无	薄

【利用价值】可用作甘蔗育种亲本，用于强宿根品种的选育。

139. 那力割手密

【采集地】广西百色市凌云县玉洪瑶族乡那力村。

【类型及分布】属于禾本科甘蔗属，在丘陵坑洼地带的河滩上群生分布。

【特征特性】那力割手密的基本特征及优异性状见下表，植株较矮，锤度较高，茎中蒲，易脱叶，无气根，无 57 号毛群，厚蜡粉带，宿根性强。

名称	株高 /cm	茎径 /cm	叶长 /cm	叶宽 /cm	锤度 /%	空蒲心	脱叶性	气根性	57 号毛群	蜡粉带
那力割手密	149	0.71	107.0	1.0	10.0	中蒲	易	无	无	厚

【利用价值】可用作甘蔗育种亲本，用于强宿根品种的选育。

140. 下谋割手密

【采集地】广西百色市凌云县玉洪瑶族乡下谋村。

【类型及分布】属于禾本科甘蔗属，在丘陵坑洼地带的河滩上群生分布。

【特征特性】下谋割手密的基本特征及优异性状见下表，植株较矮，锤度较低，茎小空，难脱叶，有气根，无 57 号毛群，厚蜡粉带，宿根性强。

名称	株高 /cm	茎径 /cm	叶长 /cm	叶宽 /cm	锤度 /%	空蒲心	脱叶性	气根性	57 号毛群	蜡粉带
下谋割手密	137	0.62	101.0	0.9	7.6	小空	难	有	无	厚

【利用价值】可用作甘蔗育种亲本，用于强宿根品种的选育。

141. 下伞割手密

【采集地】广西百色市凌云县加尤镇下伞村。

【类型及分布】属于禾本科甘蔗属，在丘陵坑洼地带的河滩上散生分布。

【特征特性】下伞割手密的基本特征及优异性状见下表，植株较高，锤度较高，茎实心，难脱叶，无气根，57 号毛群较多，厚蜡粉带，分蘖力强。

名称	株高 /cm	茎径 /cm	叶长 /cm	叶宽 /cm	锤度 /%	空蒲心	脱叶性	气根性	57 号毛群	蜡粉带
下伞割手密	172	0.70	84.0	1.1	10.4	无	难	无	较多	厚

【利用价值】可用作甘蔗育种亲本，用于强分蘖品种的选育。

142. 伶兴割手密

【采集地】广西百色市凌云县伶站瑶族乡伶兴村。

【类型及分布】属于禾本科甘蔗属，在山地坑洼地带的河滩上散生分布。

【特征特性】伶兴割手密的基本特征及优异性状见下表，植株较矮，锤度高，茎小空，难脱叶，无气根，无 57 号毛群，薄蜡粉带，耐涝性好。

名称	株高 /cm	茎径 /cm	叶长 /cm	叶宽 /cm	锤度 /%	空蒲心	脱叶性	气根性	57 号毛群	蜡粉带
伶兴割手密	148	0.61	83.0	0.8	17.2	小空	难	无	无	薄

【利用价值】可用作甘蔗育种亲本，用于高糖、耐涝品种的选育。

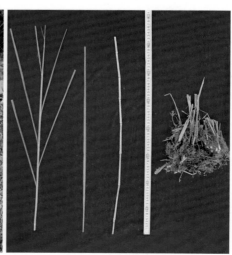

143. 驮龙割手密

【采集地】广西崇左市宁明县城中镇驮龙村。

【类型及分布】属于禾本科甘蔗属，在山地坑洼地带的公路旁群生分布。

【特征特性】驮龙割手密的基本特征及优异性状见下表，植株较矮，锤度较高，茎实心，难脱叶，无气根，无57号毛群，薄蜡粉带，宿根性强。

名称	株高/cm	茎径/cm	叶长/cm	叶宽/cm	锤度/%	空蒲心	脱叶性	气根性	57号毛群	蜡粉带
驮龙割手密	138	0.37	82.0	0.5	12.2	无	难	无	无	薄

【利用价值】可用作甘蔗育种亲本，用于强宿根品种的选育。

144. 珠连割手密

【采集地】广西崇左市宁明县城中镇珠连村。

【类型及分布】属于禾本科甘蔗属，在山地坑洼地带的田埂边散生分布。

【特征特性】珠连割手密的基本特征及优异性状见下表，植株较矮，锤度较高，茎小空，难脱叶，无气根，无57号毛群，厚蜡粉带，宿根性强。

名称	株高/cm	茎径/cm	叶长/cm	叶宽/cm	锤度/%	空蒲心	脱叶性	气根性	57号毛群	蜡粉带
珠连割手密	133	0.65	108.0	0.6	10.0	小空	难	无	无	厚

【利用价值】可用作甘蔗育种亲本，用于强宿根品种的选育。

145. 耀达割手密

【采集地】广西崇左市宁明县城中镇耀达村。

【类型及分布】属于禾本科甘蔗属，在山地坑洼地带的田埂边散生分布。

【特征特性】耀达割手密的基本特征及优异性状见下表，植株较矮，锤度较高，茎小空，难脱叶，无气根，无57号毛群，厚蜡粉带，宿根性强。

名称	株高/cm	茎径/cm	叶长/cm	叶宽/cm	锤度/%	空蒲心	脱叶性	气根性	57号毛群	蜡粉带
耀达割手密	148	0.48	83.0	0.8	10.0	小空	难	无	无	厚

【利用价值】可用作甘蔗育种亲本，用于强宿根品种的选育。

146. 峙利割手密

【采集地】广西崇左市宁明县明江镇峙利村。

【类型及分布】属于禾本科甘蔗属，在平原平坦地带的田埂边群生分布。

【特征特性】峙利割手密的基本特征及优异性状见下表，植株较高，锤度较低，茎中蒲，难脱叶，无气根，无 57 号毛群，薄蜡粉带，宿根性强。

名称	株高 /cm	茎径 /cm	叶长 /cm	叶宽 /cm	锤度 /%	空蒲心	脱叶性	气根性	57 号毛群	蜡粉带
峙利割手密	163	0.43	81.0	0.5	5.0	中蒲	难	无	无	薄

【利用价值】可用作甘蔗育种亲本，用于强宿根品种的选育。

147. 板桂割手密

【采集地】广西崇左市宁明县东安乡板桂村。

【类型及分布】属于禾本科甘蔗属，在盆地平坦地带的田埂边群生分布。

【特征特性】板桂割手密的基本特征及优异性状见下表，植株较高，锤度较高，茎实心，难脱叶，无气根，无 57 号毛群，薄蜡粉带，宿根性强。

名称	株高 /cm	茎径 /cm	叶长 /cm	叶宽 /cm	锤度 /%	空蒲心	脱叶性	气根性	57 号毛群	蜡粉带
板桂割手密	153	0.44	82.0	0.4	13.5	无	难	无	无	薄

【利用价值】可用作甘蔗育种亲本，用于强宿根品种的选育。

148. 洞坡割手密

【采集地】广西崇左市宁明县东安乡洞坡村。

【类型及分布】属于禾本科甘蔗属，在丘陵平坦地带的公路旁群生分布。

【特征特性】洞坡割手密的基本特征及优异性状见下表，植株较矮，锤度较低，茎实心，难脱叶，无气根，无57号毛群，薄蜡粉带，分蘖力强。

名称	株高/cm	茎径/cm	叶长/cm	叶宽/cm	锤度/%	空蒲心	脱叶性	气根性	57号毛群	蜡粉带
洞坡割手密	139	0.58	97.0	0.7	7.0	无	难	无	无	薄

【利用价值】可用作甘蔗育种亲本，用于强分蘖品种的选育。

149. 思明割手密

【采集地】广西崇左市宁明县明江镇思明村。

【类型及分布】属于禾本科甘蔗属,在平原平坦地带的公路旁群生分布。

【特征特性】思明割手密的基本特征及优异性状见下表,植株矮,锤度较高,茎实心,难脱叶,无气根,57 号毛群少,薄蜡粉带,耐旱耐瘠。

名称	株高 /cm	茎径 /cm	叶长 /cm	叶宽 /cm	锤度 /%	空蒲心	脱叶性	气根性	57 号毛群	蜡粉带
思明割手密	90	0.52	90.0	0.5	12.0	无	难	无	少	薄

【利用价值】可用作甘蔗育种亲本,用于耐旱品种的选育。

150. 琴岳割手密

【采集地】广西崇左市宁明县明江镇琴岳村。

【类型及分布】属于禾本科甘蔗属,在平原平坦地带的公路旁散生分布。

【特征特性】琴岳割手密的基本特征及优异性状见下表,植株高大,锤度较高,茎小空,难脱叶,无气根,无 57 号毛群,薄蜡粉带,宿根性强。

名称	株高 /cm	茎径 /cm	叶长 /cm	叶宽 /cm	锤度 /%	空蒲心	脱叶性	气根性	57 号毛群	蜡粉带
琴岳割手密	205	0.63	80.0	1.5	12.0	小空	难	无	无	薄

【利用价值】可用作甘蔗育种亲本,用于高产、强宿根品种的选育。

151. 梅湾割手密

【采集地】广西崇左市宁明县亭亮镇梅湾村。

【类型及分布】属于禾本科甘蔗属，在盆地平坦地带的湖边散生分布。

【特征特性】梅湾割手密的基本特征及优异性状见下表，植株较高，锤度低，茎小空，难脱叶，无气根，无57号毛群，厚蜡粉带，宿根性强。

名称	株高/cm	茎径/cm	叶长/cm	叶宽/cm	锤度/%	空蒲心	脱叶性	气根性	57号毛群	蜡粉带
梅湾割手密	160	0.67	84.0	1.0	4.0	小空	难	无	无	厚

【利用价值】可用作甘蔗育种亲本，用于强宿根品种的选育。

152. 山荷割手密

【采集地】广西崇左市宁明县亭亮镇山荷村。

【类型及分布】属于禾本科甘蔗属，在盆地平坦地带的公路旁群生分布。

【特征特性】山荷割手密的基本特征及优异性状见下表，植株较高，锤度较低，茎小空，难脱叶，无气根，无 57 号毛群，厚蜡粉带，宿根性强。

名称	株高 /cm	茎径 /cm	叶长 /cm	叶宽 /cm	锤度 /%	空蒲心	脱叶性	气根性	57 号毛群	蜡粉带
山荷割手密	157	0.70	98.0	1.0	5.0	小空	难	无	无	厚

【利用价值】可用作甘蔗育种亲本，用于强宿根品种的选育。

153. 百合割手密

【采集地】广西崇左市宁明县东安乡百合村。

【类型及分布】属于禾本科甘蔗属，在盆地起伏地带的公路旁群生分布。

【特征特性】百合割手密的基本特征及优异性状见下表，植株高大，锤度较高，茎小空，难脱叶，无气根，无 57 号毛群，厚蜡粉带，宿根性强。

名称	株高 /cm	茎径 /cm	叶长 /cm	叶宽 /cm	锤度 /%	空蒲心	脱叶性	气根性	57 号毛群	蜡粉带
百合割手密	200	0.65	97.0	1.2	10.0	小空	难	无	无	厚

【利用价值】可用作甘蔗育种亲本，用于高产、强宿根品种的选育。

154. 东什割手密

【采集地】广西崇左市宁明县北江乡东什村。

【类型及分布】属于禾本科甘蔗属，在盆地平坦地带的河滩边群生分布。

【特征特性】东什割手密的基本特征及优异性状见下表，植株较矮，锤度较高，茎实心，难脱叶，无气根，无57号毛群，厚蜡粉带，宿根性强。

名称	株高 /cm	茎径 /cm	叶长 /cm	叶宽 /cm	锤度 /%	空蒲心	脱叶性	气根性	57 号毛群	蜡粉带
东什割手密	116	0.61	57.0	0.5	14.0	无	难	无	无	厚

【利用价值】可用作甘蔗育种亲本，用于强宿根品种的选育。

155. 上松割手密

【采集地】广西崇左市宁明县板棍乡上松村。

【类型及分布】属于禾本科甘蔗属，在盆地平坦地带的农田边散生分布。

【特征特性】上松割手密的基本特征及优异性状见下表，植株较高，锤度低，茎实心，难脱叶，无气根，无 57 号毛群，薄蜡粉带，宿根性强。

名称	株高 /cm	茎径 /cm	叶长 /cm	叶宽 /cm	锤度 /%	空蒲心	脱叶性	气根性	57 号毛群	蜡粉带
上松割手密	183	0.71	77.0	1.0	4.0	无	难	无	无	薄

【利用价值】可用作甘蔗育种亲本，用于强宿根品种的选育。

156. 思州割手密

【采集地】广西崇左市宁明县海渊镇思州村。

【类型及分布】属于禾本科甘蔗属，在盆地平坦地带的田埂边散生分布。

【特征特性】思州割手密的基本特征及优异性状见下表，植株较矮，锤度较高，茎小空，难脱叶，无气根，无 57 号毛群，薄蜡粉带，宿根性强。

名称	株高 /cm	茎径 /cm	叶长 /cm	叶宽 /cm	锤度 /%	空蒲心	脱叶性	气根性	57 号毛群	蜡粉带
思州割手密	145	0.57	83.0	1.0	14.0	小空	难	无	无	薄

【利用价值】可用作甘蔗育种亲本，用于强宿根品种的选育。

157. 那明割手密

【**采集地**】广西崇左市宁明县海渊镇那明村。

【**类型及分布**】属于禾本科甘蔗属，在盆地平坦地带的河滩边群生分布。

【**特征特性**】那明割手密的基本特征及优异性状见下表，植株较矮，锤度较低，茎小空，难脱叶，无气根，无57号毛群，薄蜡粉带，分蘖力强。

名称	株高 /cm	茎径 /cm	叶长 /cm	叶宽 /cm	锤度 /%	空蒲心	脱叶性	气根性	57 号毛群	蜡粉带
那明割手密	147	0.65	80.0	1.0	9.0	小空	难	无	无	薄

【**利用价值**】可用作甘蔗育种亲本，用于强分蘖品种的选育。

158. 驮邓割手密

【采集地】广西崇左市宁明县海渊镇驮邓村。

【类型及分布】属于禾本科甘蔗属，在盆地平坦地带的公路边群生分布。

【特征特性】驮邓割手密的基本特征及优异性状见下表，植株较高，锤度较低，茎大蒲，难脱叶，无气根，无 57 号毛群，厚蜡粉带，宿根性强。

名称	株高 /cm	茎径 /cm	叶长 /cm	叶宽 /cm	锤度 /%	空蒲心	脱叶性	气根性	57 号毛群	蜡粉带
驮邓割手密	158	0.62	88.0	1.1	8.0	大蒲	难	无	无	厚

【利用价值】可用作甘蔗育种亲本，用于强宿根品种的选育。

159. 下间割手密

【采集地】广西崇左市宁明县北江乡下间村。

【类型及分布】属于禾本科甘蔗属，在盆地平坦地带的公路边散生分布。

【特征特性】下间割手密的基本特征及优异性状见下表，植株较高，锤度较低，茎中蒲，难脱叶，无气根，无 57 号毛群，薄蜡粉带，宿根性强。

名称	株高 /cm	茎径 /cm	叶长 /cm	叶宽 /cm	锤度 /%	空蒲心	脱叶性	气根性	57 号毛群	蜡粉带
下间割手密	173	0.51	58.0	0.4	6.0	中蒲	难	无	无	薄

【利用价值】可用作甘蔗育种亲本，用于强宿根品种的选育。

160. 法奎割手密

【采集地】广西崇左市宁明县北江乡法奎村。

【类型及分布】属于禾本科甘蔗属，在盆地平坦地带的公路边散生分布。

【特征特性】法奎割手密的基本特征及优异性状见下表，植株较高，锤度较高，茎小空，难脱叶，无气根，无 57 号毛群，薄蜡粉带，宿根性强。

名称	株高 /cm	茎径 /cm	叶长 /cm	叶宽 /cm	锤度 /%	空蒲心	脱叶性	气根性	57 号毛群	蜡粉带
法奎割手密	195	0.68	74.0	0.5	11.0	小空	难	无	无	薄

【利用价值】可用作甘蔗育种亲本，用于强宿根品种的选育。

161. 北江割手密

【采集地】广西崇左市宁明县北江乡北江社区。

【类型及分布】属于禾本科甘蔗属，在丘陵起伏地带的田埂边散生分布。

【特征特性】北江割手密的基本特征及优异性状见下表，植株较矮，锤度高，茎小空，难脱叶，无气根，无 57 号毛群，厚蜡粉带，宿根性强。

名称	株高 /cm	茎径 /cm	叶长 /cm	叶宽 /cm	锤度 /%	空蒲心	脱叶性	气根性	57 号毛群	蜡粉带
北江割手密	148	0.52	89.0	0.4	15.0	小空	难	无	无	厚

【利用价值】可用作甘蔗育种亲本，用于高糖、强宿根品种的选育。

162. 堪爱割手密

【采集地】广西崇左市宁明县爱店镇堪爱村。

【类型及分布】属于禾本科甘蔗属，在盆地平坦地带的溪边群生分布。

【特征特性】堪爱割手密的基本特征及优异性状见下表，植株较高，锤度较低，茎实心，难脱叶，无气根，无 57 号毛群，薄蜡粉带，分蘖力强。

名称	株高 /cm	茎径 /cm	叶长 /cm	叶宽 /cm	锤度 /%	空蒲心	脱叶性	气根性	57 号毛群	蜡粉带
堪爱割手密	158	0.56	86.0	0.8	5.0	无	难	无	无	薄

【利用价值】可用作甘蔗育种亲本，用于强分蘖品种的选育。

163. 峙浪割手密

【采集地】广西崇左市宁明县峙浪乡峙浪社区。

【类型及分布】属于禾本科甘蔗属,在山地起伏地带的林间空地散生分布。

【特征特性】峙浪割手密的基本特征及优异性状见下表,植株较矮,锤度较低,茎实心,难脱叶,无气根,无 57 号毛群,薄蜡粉带,宿根性强。

名称	株高 /cm	茎径 /cm	叶长 /cm	叶宽 /cm	锤度 /%	空蒲心	脱叶性	气根性	57 号毛群	蜡粉带
峙浪割手密	131	0.66	95.0	1.9	7.0	无	难	无	无	薄

【利用价值】可用作甘蔗育种亲本,用于强宿根品种的选育。

164. 洞浪割手密

【采集地】广西崇左市宁明县峙浪乡洞浪村。

【类型及分布】属于禾本科甘蔗属，在山地平坦地带的草地中群生分布。

【特征特性】洞浪割手密的基本特征及优异性状见下表，植株较高，锤度较高，茎实心，难脱叶，无气根，无57号毛群，厚蜡粉带，均匀整齐，分蘖力强。

名称	株高/cm	茎径/cm	叶长/cm	叶宽/cm	锤度/%	空蒲心	脱叶性	气根性	57号毛群	蜡粉带
洞浪割手密	168	0.53	76.0	0.7	13.0	无	难	无	无	厚

【利用价值】可用作甘蔗育种亲本，用于强分蘖品种的选育。

165. 那兵割手密

【采集地】广西崇左市宁明县峙浪乡那兵村。

【类型及分布】属于禾本科甘蔗属，在丘陵起伏地带的灌丛边群生分布。

【特征特性】那兵割手密的基本特征及优异性状见下表，植株较矮，锤度较高，茎小空，难脱叶，无气根，无57号毛群，薄蜡粉带，宿根性强。

名称	株高/cm	茎径/cm	叶长/cm	叶宽/cm	锤度/%	空蒲心	脱叶性	气根性	57号毛群	蜡粉带
那兵割手密	128	0.47	95.0	0.5	13.6	小空	难	无	无	薄

【利用价值】可用作甘蔗育种亲本，用于强宿根品种的选育。

166. 江逢割手密

【采集地】广西崇左市宁明县寨安乡江逢村。

【类型及分布】属于禾本科甘蔗属，在丘陵坑洼地带的公路边散生分布。

【特征特性】江逢割手密的基本特征及优异性状见下表，植株高大，锤度较低，茎实心，难脱叶，无气根，无 57 号毛群，薄蜡粉带，宿根性强。

名称	株高 /cm	茎径 /cm	叶长 /cm	叶宽 /cm	锤度 /%	空蒲心	脱叶性	气根性	57 号毛群	蜡粉带
江逢割手密	216	0.66	92.0	0.9	5.0	无	难	无	无	薄

【利用价值】可用作甘蔗育种亲本，用于高产、强宿根品种的选育。

167. 鸡岭割手密

【采集地】广西贺州市富川瑶族自治县白沙镇鸡岭村。

【类型及分布】属于禾本科甘蔗属，在山地坑洼地带的河滩边群生分布。

【特征特性】鸡岭割手密的基本特征及优异性状见下表，植株高大，锤度高，茎小蒲，难脱叶，无气根，无 57 号毛群，厚蜡粉带，宿根性强。

名称	株高 /cm	茎径 /cm	叶长 /cm	叶宽 /cm	锤度 /%	空蒲心	脱叶性	气根性	57 号毛群	蜡粉带
鸡岭割手密	216	0.90	107.0	0.7	18.3	小蒲	难	无	无	厚

【利用价值】可用作甘蔗育种亲本，用于高产、高糖、强宿根品种的选育。

168. 深坡割手密

【采集地】广西贺州市富川瑶族自治县葛坡镇深坡村。

【类型及分布】属于禾本科甘蔗属，在丘陵平坦地带的农田边群生分布。

【特征特性】深坡割手密的基本特征及优异性状见下表，植株较矮，锤度高，茎小空，难脱叶，无气根，无 57 号毛群，厚蜡粉带，宿根性强。

名称	株高 /cm	茎径 /cm	叶长 /cm	叶宽 /cm	锤度 /%	空蒲心	脱叶性	气根性	57 号毛群	蜡粉带
深坡割手密	128	0.65	87.5	0.7	16.2	小空	难	无	无	厚

【利用价值】可用作甘蔗育种亲本，用于高糖、强宿根品种的选育。

169. 和睦割手密 2

【采集地】广西贺州市富川瑶族自治县麦岭镇和睦村。

【类型及分布】属于禾本科甘蔗属，在丘陵起伏地带的林间空地群生分布。

【特征特性】和睦割手密 2 的基本特征及优异性状见下表，植株高大，锤度较高，茎中蒲，难脱叶，无气根，无 57 号毛群，厚蜡粉带，分蘖力强。

名称	株高 /cm	茎径 /cm	叶长 /cm	叶宽 /cm	锤度 /%	空蒲心	脱叶性	气根性	57 号毛群	蜡粉带
和睦割手密 2	243	0.90	120.5	1.5	14.2	中蒲	难	无	无	厚

【利用价值】可用作甘蔗育种亲本，用于高产、强分蘖品种的选育。

170. 涌泉割手密

【采集地】广西贺州市富川瑶族自治县麦岭镇涌泉村。

【类型及分布】属于禾本科甘蔗属，在丘陵平坦地带的田埂边群生分布。

【特征特性】涌泉割手密的基本特征及优异性状见下表，植株高大，锤度高，茎中蒲，难脱叶，无气根，无57号毛群，厚蜡粉带，分蘖力强。

名称	株高/cm	茎径/cm	叶长/cm	叶宽/cm	锤度/%	空蒲心	脱叶性	气根性	57号毛群	蜡粉带
涌泉割手密	252	0.98	115.0	1.2	17.8	中蒲	难	无	无	厚

【利用价值】可用作甘蔗育种亲本，用于高产、高糖、强分蘖品种的选育。

171. 黄龙割手密

【采集地】广西贺州市富川瑶族自治县富阳镇黄龙村。

【类型及分布】属于禾本科甘蔗属，在平原平坦地带的草地中散生分布。

【特征特性】黄龙割手密的基本特征及优异性状见下表，植株较高，锤度高，茎小空，难脱叶，无气根，无57号毛群，厚蜡粉带，宿根性强。

名称	株高/cm	茎径/cm	叶长/cm	叶宽/cm	锤度/%	空蒲心	脱叶性	气根性	57号毛群	蜡粉带
黄龙割手密	161	0.71	125.0	1.0	16.3	小空	难	无	无	厚

【利用价值】可用作甘蔗育种亲本，用于高糖、强宿根品种的选育。

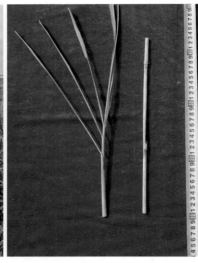

172. 马山割手密

【采集地】广西贺州市富川瑶族自治县城北镇马山村。

【类型及分布】属于禾本科甘蔗属，在山地起伏地带的草地中群生分布。

【特征特性】马山割手密的基本特征及优异性状见下表，植株较高，锤度较高，茎小空，难脱叶，无气根，无 57 号毛群，厚蜡粉带，分蘖力强。

名称	株高 /cm	茎径 /cm	叶长 /cm	叶宽 /cm	锤度 /%	空蒲心	脱叶性	气根性	57 号毛群	蜡粉带
马山割手密	193	0.78	118.0	0.9	13.2	小空	难	无	无	厚

【利用价值】可用作甘蔗育种亲本，用于强分蘖品种的选育。

173.朝东割手密

【采集地】广西贺州市富川瑶族自治县朝东镇朝东村。

【类型及分布】属于禾本科甘蔗属，在丘陵坑洼地带的池塘边群生分布。

【特征特性】朝东割手密的基本特征及优异性状见下表，植株较高，锤度高，茎小空，难脱叶，无气根，无57号毛群，厚蜡粉带，分蘖力强。

名称	株高/cm	茎径/cm	叶长/cm	叶宽/cm	锤度/%	空蒲心	脱叶性	气根性	57号毛群	蜡粉带
朝东割手密	191	0.75	118.0	1.4	15.3	小空	难	无	无	厚

【利用价值】可用作甘蔗育种亲本，用于高糖、强分蘖品种的选育。

174.桐石割手密

【采集地】广西贺州市富川瑶族自治县朝东镇桐石村。

【类型及分布】属于禾本科甘蔗属，在丘陵平坦地带的田埂边群生分布。

【特征特性】桐石割手密的基本特征及优异性状见下表，植株较高，锤度高，茎小空，难脱叶，无气根，无57号毛群，厚蜡粉带，分蘖力强。

名称	株高/cm	茎径/cm	叶长/cm	叶宽/cm	锤度/%	空蒲心	脱叶性	气根性	57号毛群	蜡粉带
桐石割手密	163	0.48	101.0	0.7	16.2	小空	难	无	无	厚

【利用价值】可用作甘蔗育种亲本，用于高糖、强分蘖品种的选育。

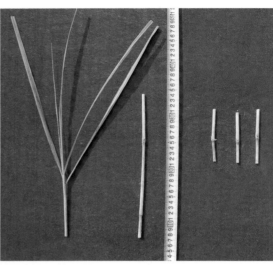

175. 油沐割手密

【采集地】广西贺州市富川瑶族自治县朝东镇油沐村。

【类型及分布】属于禾本科甘蔗属，在山地平坦地带的农田边群生分布。

【特征特性】油沐割手密的基本特征及优异性状见下表，植株较高，锤度较高，茎实心，难脱叶，无气根，无 57 号毛群，厚蜡粉带，耐旱耐瘠。

名称	株高 /cm	茎径 /cm	叶长 /cm	叶宽 /cm	锤度 /%	空蒲心	脱叶性	气根性	57 号毛群	蜡粉带
油沐割手密	179	0.80	118.0	1.1	14.0	无	难	无	无	厚

【利用价值】可用作甘蔗育种亲本，用于耐旱品种的选育。

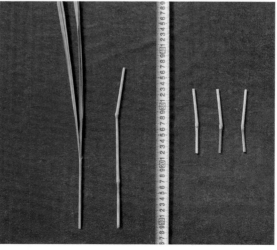

176. 大岭割手密

【采集地】广西贺州市富川瑶族自治县古城镇大岭村。

【类型及分布】属于禾本科甘蔗属，在丘陵起伏地带的溪边散生分布。

【特征特性】大岭割手密的基本特征及优异性状见下表，植株较高，锤度较高，茎中蒲，难脱叶，无气根，无 57 号毛群，薄蜡粉带，宿根性强。

名称	株高 /cm	茎径 /cm	叶长 /cm	叶宽 /cm	锤度 /%	空蒲心	脱叶性	气根性	57 号毛群	蜡粉带
大岭割手密	162	0.78	166.5	1.2	13.0	中蒲	难	无	无	薄

【利用价值】可用作甘蔗育种亲本，用于强宿根品种的选育。

177. 头塘割手密

【采集地】广西柳州市柳城县凤山镇头塘村。

【类型及分布】属于禾本科甘蔗属，在丘陵平坦地带的农田边散生分布。

【特征特性】头塘割手密的基本特征及优异性状见下表，植株较高，锤度高，茎小空，难脱叶，无气根，无 57 号毛群，薄蜡粉带，宿根性强。

名称	株高 /cm	茎径 /cm	叶长 /cm	叶宽 /cm	锤度 /%	空蒲心	脱叶性	气根性	57 号毛群	蜡粉带
头塘割手密	160	0.71	69.0	0.5	16.2	小空	难	无	无	薄

【利用价值】可用作甘蔗育种亲本，用于高糖、强宿根品种的选育。

178. 木桐割手密

【采集地】广西柳州市柳城县大埔镇木桐村。

【类型及分布】属于禾本科甘蔗属，在丘陵平坦地带的田埂边群生分布。

【特征特性】木桐割手密的基本特征及优异性状见下表，植株较高，锤度较低，茎小空，难脱叶，无气根，无 57 号毛群，薄蜡粉带，分蘖力强。

名称	株高 /cm	茎径 /cm	叶长 /cm	叶宽 /cm	锤度 /%	空蒲心	脱叶性	气根性	57 号毛群	蜡粉带
木桐割手密	184	0.60	62.0	0.7	9.0	小空	难	无	无	薄

【利用价值】可用作甘蔗育种亲本，用于强分蘖品种的选育。

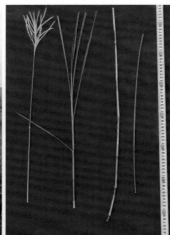

179. 龙头割手密 2

【采集地】广西柳州市柳城县龙头镇龙头村。

【类型及分布】属于禾本科甘蔗属，在丘陵平坦地带的草地中群生分布。

【特征特性】龙头割手密 2 的基本特征及优异性状见下表，植株较矮，锤度高，茎小空，难脱叶，无气根，无 57 号毛群，薄蜡粉带，分蘖力强，宿根性强。

名称	株高 /cm	茎径 /cm	叶长 /cm	叶宽 /cm	锤度 /%	空蒲心	脱叶性	气根性	57 号毛群	蜡粉带
龙头割手密 2	120	0.48	92.0	0.6	15.5	小空	难	无	无	薄

【利用价值】可用作甘蔗育种亲本，用于高糖、强分蘖、强宿根品种的选育。

180. 大安割手密

【采集地】广西柳州市柳城县沙埔镇大安村。

【类型及分布】属于禾本科甘蔗属，在丘陵坑洼地带的农田边群生分布。

【特征特性】大安割手密的基本特征及优异性状见下表，植株高大，锤度高，茎实心，难脱叶，无气根，无 57 号毛群，薄蜡粉带，分蘖力强。

名称	株高 /cm	茎径 /cm	叶长 /cm	叶宽 /cm	锤度 /%	空蒲心	脱叶性	气根性	57 号毛群	蜡粉带
大安割手密	218	0.50	64.0	0.3	17.2	无	难	无	无	薄

【利用价值】可用作甘蔗育种亲本，用于高产、高糖、强分蘖品种的选育。

181. 西岸割手密

【采集地】广西柳州市柳城县太平镇西岸村。

【类型及分布】属于禾本科甘蔗属，在丘陵起伏地带的农田边散生分布。

【特征特性】西岸割手密的基本特征及优异性状见下表，植株高大，锤度较高，茎实心，难脱叶，无气根，无57号毛群，薄蜡粉带，宿根性强。

名称	株高/cm	茎径/cm	叶长/cm	叶宽/cm	锤度/%	空蒲心	脱叶性	气根性	57号毛群	蜡粉带
西岸割手密	208	0.56	27.0	0.6	11.5	无	难	无	无	薄

【利用价值】可用作甘蔗育种亲本，用于高产、强宿根品种的选育。

182. 螺田割手密

【采集地】广西柳州市柳城县东泉镇螺田村。

【类型及分布】属于禾本科甘蔗属，在平原平坦地带的公路旁散生分布。

【特征特性】螺田割手密的基本特征及优异性状见下表，植株较矮，锤度较低，茎实心，难脱叶，无气根，无 57 号毛群，薄蜡粉带，分蘖力强。

名称	株高 /cm	茎径 /cm	叶长 /cm	叶宽 /cm	锤度 /%	空蒲心	脱叶性	气根性	57 号毛群	蜡粉带
螺田割手密	133	0.47	85.0	0.4	9.5	无	难	无	无	薄

【利用价值】可用作甘蔗育种亲本，用于强分蘖品种的选育。

183. 东泉割手密

【采集地】广西柳州市柳城县东泉镇华侨农场。

【类型及分布】属于禾本科甘蔗属，在丘陵平坦地带的村边群生分布。

【特征特性】东泉割手密的基本特征及优异性状见下表，植株较高，锤度较高，茎实心，难脱叶，无气根，无 57 号毛群，薄蜡粉带，分蘖力强。

名称	株高 /cm	茎径 /cm	叶长 /cm	叶宽 /cm	锤度 /%	空蒲心	脱叶性	气根性	57 号毛群	蜡粉带
东泉割手密	194	0.44	69.0	0.8	14.5	无	难	无	无	薄

【利用价值】可用作甘蔗育种亲本，用于强分蘖品种的选育。

184. 横山割手密

【采集地】广西柳州市柳城县马山镇横山村。

【类型及分布】属于禾本科甘蔗属，在山地平坦地带的公路旁散生分布。

【特征特性】横山割手密的基本特征及优异性状见下表，植株高大，锤度较高，茎实心，难脱叶，无气根，无 57 号毛群，薄蜡粉带，宿根性强。

名称	株高 /cm	茎径 /cm	叶长 /cm	叶宽 /cm	锤度 /%	空蒲心	脱叶性	气根性	57 号毛群	蜡粉带
横山割手密	233	0.62	103.0	0.9	13.6	无	难	无	无	薄

【利用价值】可用作甘蔗育种亲本，用于高产、强宿根品种的选育。

185. 黄冲割手密

【采集地】广西柳州市柳城县六塘镇黄冲村。

【类型及分布】属于禾本科甘蔗属，在盆地坑洼地带的农田边群生分布。

【特征特性】黄冲割手密的基本特征及优异性状见下表，植株高大，锤度较低，茎实心，难脱叶，无气根，无 57 号毛群，薄蜡粉带，宿根性强。

名称	株高 /cm	茎径 /cm	叶长 /cm	叶宽 /cm	锤度 /%	空蒲心	脱叶性	气根性	57 号毛群	蜡粉带
黄冲割手密	241	0.86	81.0	1.2	9.0	无	难	无	无	薄

【利用价值】可用作甘蔗育种亲本，用于高产、强宿根品种的选育。

186. 六塘割手密

【采集地】广西柳州市柳城县六塘镇六塘社区。

【类型及分布】属于禾本科甘蔗属，在盆地起伏地带的农田边群生分布。

【特征特性】六塘割手密的基本特征及优异性状见下表，植株较高，锤度较高，茎小空，难脱叶，无气根，无 57 号毛群，薄蜡粉带，分蘖力强。

名称	株高 /cm	茎径 /cm	叶长 /cm	叶宽 /cm	锤度 /%	空蒲心	脱叶性	气根性	57 号毛群	蜡粉带
六塘割手密	190	0.76	70.0	0.9	10.0	小空	难	无	无	薄

【利用价值】可用作甘蔗育种亲本，用于强分蘖品种的选育。

187. 泗巷割手密

【**采集地**】广西柳州市柳城县古砦仫佬族乡泗巷村。

【**类型及分布**】属于禾本科甘蔗属，在盆地平坦地带的溪边散生分布。

【**特征特性**】泗巷割手密的基本特征及优异性状见下表，植株较高，锤度高，茎实心，难脱叶，无气根，无 57 号毛群，薄蜡粉带，宿根性强。

名称	株高 /cm	茎径 /cm	叶长 /cm	叶宽 /cm	锤度 /%	空蒲心	脱叶性	气根性	57 号毛群	蜡粉带
泗巷割手密	162	0.45	51.0	0.9	18.5	无	难	无	无	薄

【**利用价值**】可用作甘蔗育种亲本，用于高糖、强宿根品种的选育。

188. 顶蚌割手密

【采集地】广西百色市西林县那劳镇顶蚌村。

【类型及分布】属于禾本科甘蔗属，在山地起伏地带的山脚下群生分布。

【特征特性】顶蚌割手密的基本特征及优异性状见下表，植株高大，锤度较高，茎小空，难脱叶，无气根，无57号毛群，薄蜡粉带，耐旱耐瘠。

名称	株高/cm	茎径/cm	叶长/cm	叶宽/cm	锤度/%	空蒲心	脱叶性	气根性	57号毛群	蜡粉带
顶蚌割手密	203	0.68	73.0	0.8	13.8	小空	难	无	无	薄

【利用价值】可用作甘蔗育种亲本，用于高产、耐旱品种的选育。

189. 那宾割手密

【采集地】广西百色市西林县那劳镇那宾村。

【类型及分布】属于禾本科甘蔗属，在山地平坦地带的公路旁群生分布。

【特征特性】那宾割手密的基本特征及优异性状见下表，植株较矮，锤度较高，茎中空，难脱叶，无气根，57号毛群少，薄蜡粉带，分蘖力强，宿根性强。

名称	株高/cm	茎径/cm	叶长/cm	叶宽/cm	锤度/%	空蒲心	脱叶性	气根性	57号毛群	蜡粉带
那宾割手密	128	0.65	111.0	0.7	13.8	中空	难	无	少	薄

【利用价值】可用作甘蔗育种亲本，用于强分蘖、强宿根品种的选育。

190. 那劳割手密

【采集地】广西百色市西林县那劳镇那劳村。

【类型及分布】属于禾本科甘蔗属，在山地平坦地带的农田旁群生分布。

【特征特性】那劳割手密的基本特征及优异性状见下表，植株较矮，锤度较低，茎实心，难脱叶，无气根，无57号毛群，薄蜡粉带，分蘖力强。

名称	株高 /cm	茎径 /cm	叶长 /cm	叶宽 /cm	锤度 /%	空蒲心	脱叶性	气根性	57 号毛群	蜡粉带
那劳割手密	137	0.65	70.0	0.6	8.6	无	难	无	无	薄

【利用价值】可用作甘蔗育种亲本，用于强分蘖品种的选育。

191. 新丰割手密

【采集地】广西百色市西林县普合苗族乡新丰村。

【类型及分布】属于禾本科甘蔗属，在山地起伏地带的山腰上群生分布。

【特征特性】新丰割手密的基本特征及优异性状见下表，植株较高，锤度较低，茎实心，难脱叶，无气根，57 号毛群少，薄蜡粉带，耐旱性好。

名称	株高 /cm	茎径 /cm	叶长 /cm	叶宽 /cm	锤度 /%	空蒲心	脱叶性	气根性	57 号毛群	蜡粉带
新丰割手密	150	0.61	108.0	1.1	9.6	无	难	无	少	薄

【利用价值】可用作甘蔗育种亲本，用于耐旱品种的选育。

192. 红星割手密

【采集地】广西百色市西林县八达镇红星村。

【类型及分布】属于禾本科甘蔗属，在山地平坦地带的农田旁群生分布。

【特征特性】红星割手密的基本特征及优异性状见下表，植株较高，锤度较高，茎实心，难脱叶，无气根，无 57 号毛群，薄蜡粉带，分蘖力强。

名称	株高 /cm	茎径 /cm	叶长 /cm	叶宽 /cm	锤度 /%	空蒲心	脱叶性	气根性	57 号毛群	蜡粉带
红星割手密	179	0.64	90.0	0.9	13.2	无	难	无	无	薄

【利用价值】可用作甘蔗育种亲本，用于强分蘖品种的选育。

193. 土黄割手密

【采集地】广西百色市西林县八达镇土黄村。

【类型及分布】属于禾本科甘蔗属，在山地起伏地带的山腰上群生分布。

【特征特性】土黄割手密的基本特征及优异性状见下表，植株较矮，锤度较高，茎小空，难脱叶，无气根，57 号毛群少，无蜡粉带，宿根性强。

名称	株高 /cm	茎径 /cm	叶长 /cm	叶宽 /cm	锤度 /%	空蒲心	脱叶性	气根性	57 号毛群	蜡粉带
土黄割手密	136	0.50	77.0	0.5	10.0	小空	难	无	少	无

【利用价值】可用作甘蔗育种亲本，用于强宿根品种的选育。

194. 木呈割手密

【采集地】广西百色市西林县八达镇木呈村。

【类型及分布】属于禾本科甘蔗属，在山地坑洼地带的山腰上散生分布。

【特征特性】木呈割手密的基本特征及优异性状见下表，植株较高，锤度较低，茎中蒲，难脱叶，无气根，57 号毛群少，薄蜡粉带，宿根性强。

名称	株高 /cm	茎径 /cm	叶长 /cm	叶宽 /cm	锤度 /%	空蒲心	脱叶性	气根性	57 号毛群	蜡粉带
木呈割手密	163	0.63	110.0	1.0	8.0	中蒲	难	无	少	薄

【利用价值】可用作甘蔗育种亲本，用于强宿根品种的选育。

195. 陇正割手密

【采集地】广西百色市西林县古障镇陇正村。

【类型及分布】属于禾本科甘蔗属，在山地平坦地带的公路旁群生分布。

【特征特性】陇正割手密的基本特征及优异性状见下表，植株较高，锤度较低，茎小空，难脱叶，无气根，无 57 号毛群，薄蜡粉带，耐旱性好，分蘖力强。

名称	株高 /cm	茎径 /cm	叶长 /cm	叶宽 /cm	锤度 /%	空蒲心	脱叶性	气根性	57 号毛群	蜡粉带
陇正割手密	156	0.58	100.0	1.0	8.4	小空	难	无	无	薄

【利用价值】可用作甘蔗育种亲本，用于耐旱、强分蘖品种的选育。

196. 周洞割手密

【采集地】广西百色市西林县古障镇周洞村。

【类型及分布】属于禾本科甘蔗属，在山地平坦地带的山脚下群生分布。

【特征特性】周洞割手密的基本特征及优异性状见下表，植株矮，锤度较低，茎小空，难脱叶，无气根，无57号毛群，薄蜡粉带，宿根性强。

名称	株高/cm	茎径/cm	叶长/cm	叶宽/cm	锤度/%	空蒲心	脱叶性	气根性	57号毛群	蜡粉带
周洞割手密	72	0.57	96.0	0.9	6.8	小空	难	无	无	薄

【利用价值】可用作甘蔗育种亲本，用于强宿根品种的选育。

197. 者黑割手密

【**采集地**】广西百色市西林县古障镇者黑村。

【**类型及分布**】属于禾本科甘蔗属，在山地坑洼地带的公路旁群生分布。

【**特征特性**】者黑割手密的基本特征及优异性状见下表，植株较矮，锤度较低，茎大蒲，难脱叶，无气根，57 号毛群少，薄蜡粉带，分蘖力强。

名称	株高 /cm	茎径 /cm	叶长 /cm	叶宽 /cm	锤度 /%	空蒲心	脱叶性	气根性	57 号毛群	蜡粉带
者黑割手密	108	0.39	110.0	0.8	6.2	大蒲	难	无	少	薄

【**利用价值**】可用作甘蔗育种亲本，用于强分蘖品种的选育。

198. 猫街割手密

【**采集地**】广西百色市西林县古障镇猫街村。

【**类型及分布**】属于禾本科甘蔗属，在山地坑洼地带的山腰上群生分布。

【**特征特性**】猫街割手密的基本特征及优异性状见下表，植株高大，锤度较低，茎大蒲，难脱叶，无气根，无 57 号毛群，厚蜡粉带，宿根性强。

名称	株高 /cm	茎径 /cm	叶长 /cm	叶宽 /cm	锤度 /%	空蒲心	脱叶性	气根性	57 号毛群	蜡粉带
猫街割手密	203	0.87	115.0	1.2	9.0	大蒲	难	无	无	厚

【**利用价值**】可用作甘蔗育种亲本，用于高产、强宿根品种的选育。

199. 古障割手密

【采集地】广西百色市西林县古障镇古障村。

【类型及分布】属于禾本科甘蔗属，在山地坑洼地带的山脚下群生分布。

【特征特性】古障割手密的基本特征及优异性状见下表，植株较矮，锤度较低，茎大蒲，难脱叶，无气根，无57号毛群，薄蜡粉带，分蘖力强。

名称	株高 /cm	茎径 /cm	叶长 /cm	叶宽 /cm	锤度 /%	空蒲心	脱叶性	气根性	57 号毛群	蜡粉带
古障割手密	128	0.45	92.0	0.7	9.2	大蒲	难	无	无	薄

【利用价值】可用作甘蔗育种亲本，用于强分蘖品种的选育。

200. 那务割手密

【采集地】广西百色市西林县西平乡那务村。

【类型及分布】属于禾本科甘蔗属，在山地起伏地带的山脚下群生分布。

【特征特性】那务割手密的基本特征及优异性状见下表，植株高大，锤度较高，茎实心，难脱叶，无气根，无57号毛群，薄蜡粉带，宿根性强。

名称	株高/cm	茎径/cm	叶长/cm	叶宽/cm	锤度/%	空蒲心	脱叶性	气根性	57号毛群	蜡粉带
那务割手密	206	0.67	97.0	1.1	13.6	无	难	无	无	薄

【利用价值】可用作甘蔗育种亲本，用于高产、强宿根品种的选育。

201. 皿帖割手密

【采集地】广西百色市西林县西平乡皿帖村。

【类型及分布】属于禾本科甘蔗属，在山地坑洼地带的田埂上群生分布。

【特征特性】皿帖割手密的基本特征及优异性状见下表，植株较矮，锤度低，茎小空，难脱叶，无气根，57号毛群少，厚蜡粉带，宿根性强。

名称	株高/cm	茎径/cm	叶长/cm	叶宽/cm	锤度/%	空蒲心	脱叶性	气根性	57号毛群	蜡粉带
皿帖割手密	144	0.63	116.0	1.2	4.0	小空	难	无	少	厚

【利用价值】可用作甘蔗育种亲本，用于强宿根品种的选育。

202. 弄汪割手密

【**采集地**】广西百色市西林县那佐苗族乡弄汪村。

【**类型及分布**】属于禾本科甘蔗属，在山地平坦地带的山腰上群生分布。

【**特征特性**】弄汪割手密的基本特征及优异性状见下表，植株较高，锤度较高，茎小蒲，难脱叶，无气根，无 57 号毛群，薄蜡粉带，耐旱性好。

名称	株高 /cm	茎径 /cm	叶长 /cm	叶宽 /cm	锤度 /%	空蒲心	脱叶性	气根性	57 号毛群	蜡粉带
弄汪割手密	150	0.57	84.0	0.6	13.0	小蒲	难	无	无	薄

【**利用价值**】可用作甘蔗育种亲本，用于耐旱品种的选育。

203. 母鲁割手密

【采集地】广西百色市西林县那佐苗族乡母鲁村。

【类型及分布】属于禾本科甘蔗属，在盆地平坦地带的坑洼地群生分布。

【特征特性】母鲁割手密的基本特征及优异性状见下表，植株较矮，锤度较高，茎小空，难脱叶，无气根，无57号毛群，薄蜡粉带，分蘖力强，宿根性强。

名称	株高 /cm	茎径 /cm	叶长 /cm	叶宽 /cm	锤度 /%	空蒲心	脱叶性	气根性	57 号毛群	蜡粉带
母鲁割手密	130	0.46	65.0	0.6	12.8	小空	难	无	无	薄

【利用价值】可用作甘蔗育种亲本，用于强分蘖、强宿根品种的选育。

204. 南灰割手密

【采集地】广西百色市西林县足别瑶族苗族乡南灰村。

【类型及分布】属于禾本科甘蔗属，在山地坑洼地带的公路旁群生分布。

【特征特性】南灰割手密的基本特征及优异性状见下表，植株较矮，锤度较低，茎小空，难脱叶，无气根，57号毛群少，厚蜡粉带，耐旱耐瘠。

名称	株高 /cm	茎径 /cm	叶长 /cm	叶宽 /cm	锤度 /%	空蒲心	脱叶性	气根性	57 号毛群	蜡粉带
南灰割手密	117	0.72	130.0	1.0	6.8	小空	难	无	少	厚

【利用价值】可用作甘蔗育种亲本，用于耐旱品种的选育。

205. 百马割手密

【采集地】广西河池市巴马瑶族自治县甲篆镇百马村。

【类型及分布】属于禾本科甘蔗属，在山地起伏地带的农田边群生分布。

【特征特性】百马割手密的基本特征及优异性状见下表，植株矮，锤度较低，茎小空，难脱叶，无气根，无57号毛群，薄蜡粉带，宿根性强。

名称	株高/cm	茎径/cm	叶长/cm	叶宽/cm	锤度/%	空蒲心	脱叶性	气根性	57号毛群	蜡粉带
百马割手密	74	0.35	84.0	0.8	6.0	小空	难	无	无	薄

【利用价值】可用作甘蔗育种亲本，用于强宿根品种的选育。

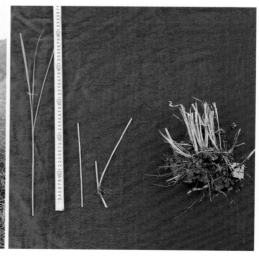

206. 松吉割手密

【采集地】广西河池市巴马瑶族自治县甲篆镇松吉村。

【类型及分布】属于禾本科甘蔗属，在盆地平坦地带的村边群生分布。

【特征特性】松吉割手密的基本特征及优异性状见下表，植株高大，锤度较低，茎实心，难脱叶，无气根，57号毛群较少，厚蜡粉带，宿根性强。

名称	株高/cm	茎径/cm	叶长/cm	叶宽/cm	锤度/%	空蒲心	脱叶性	气根性	57号毛群	蜡粉带
松吉割手密	210	0.67	120.0	1.7	7.0	无	难	无	较少	厚

【利用价值】可用作甘蔗育种亲本，用于高产、强宿根品种的选育。

207. 仁乡割手密

【采集地】广西河池市巴马瑶族自治县甲篆镇仁乡村。

【类型及分布】属于禾本科甘蔗属，在山地坑洼地带的草地中群生分布。

【特征特性】仁乡割手密的基本特征及优异性状见下表，植株矮，锤度较低，茎实心，难脱叶，无气根，无57号毛群，薄蜡粉带，宿根性强。

名称	株高/cm	茎径/cm	叶长/cm	叶宽/cm	锤度/%	空蒲心	脱叶性	气根性	57号毛群	蜡粉带
仁乡割手密	61	0.54	107.0	0.7	5.0	无	难	无	无	薄

【利用价值】可用作甘蔗育种亲本，用于强宿根品种的选育。

208. 介莫割手密

【**采集地**】广西河池市巴马瑶族自治县巴马镇介莫村。

【**类型及分布**】属于禾本科甘蔗属，在盆地平坦地带的农田边散生分布。

【**特征特性**】介莫割手密的基本特征及优异性状见下表，植株较矮，锤度较高，茎实心，难脱叶，无气根，无 57 号毛群，厚蜡粉带，宿根性强。

名称	株高 /cm	茎径 /cm	叶长 /cm	叶宽 /cm	锤度 /%	空蒲心	脱叶性	气根性	57 号毛群	蜡粉带
介莫割手密	105	0.59	111.0	0.5	13.0	无	难	无	无	厚

【**利用价值**】可用作甘蔗育种亲本，用于强宿根品种的选育。

209. 那桃割手密

【采集地】广西河池市巴马瑶族自治县那桃乡那桃村。

【类型及分布】属于禾本科甘蔗属，在山地起伏地带的林下散生分布。

【特征特性】那桃割手密的基本特征及优异性状见下表，植株矮，锤度较高，茎实心，难脱叶，无气根，无57号毛群，薄蜡粉带，宿根性强。

名称	株高/cm	茎径/cm	叶长/cm	叶宽/cm	锤度/%	空蒲心	脱叶性	气根性	57号毛群	蜡粉带
那桃割手密	78	0.51	82.0	0.6	10.0	无	难	无	无	薄

【利用价值】可用作甘蔗育种亲本，用于强宿根品种的选育。

210. 立德割手密

【采集地】广西河池市巴马瑶族自治县那桃乡立德村。

【类型及分布】属于禾本科甘蔗属，在丘陵平坦地带的农田边散生分布。

【特征特性】立德割手密的基本特征及优异性状见下表，植株较矮，锤度较高，茎小空，难脱叶，无气根，无57号毛群，薄蜡粉带，宿根性强。

名称	株高/cm	茎径/cm	叶长/cm	叶宽/cm	锤度/%	空蒲心	脱叶性	气根性	57号毛群	蜡粉带
立德割手密	100	0.57	76.0	1.1	11.4	小空	难	无	无	薄

【利用价值】可用作甘蔗育种亲本，用于强宿根品种的选育。

211. 平田割手密

【采集地】广西河池市巴马瑶族自治县百林乡平田村。

【类型及分布】属于禾本科甘蔗属，在山地坑洼地带的农田边群生分布。

【特征特性】平田割手密的基本特征及优异性状见下表，植株矮，锤度较高，茎实心，难脱叶，无气根，无 57 号毛群，薄蜡粉带，宿根性强。

名称	株高 /cm	茎径 /cm	叶长 /cm	叶宽 /cm	锤度 /%	空蒲心	脱叶性	气根性	57 号毛群	蜡粉带
平田割手密	85	0.36	100.0	0.7	13.2	无	难	无	无	薄

【利用价值】可用作甘蔗育种亲本，用于强宿根品种的选育。

212. 凤平割手密

【采集地】广西河池市凤山县江洲瑶族乡凤平村。

【类型及分布】属于禾本科甘蔗属，在山地坑洼地带的公路边群生分布。

【特征特性】凤平割手密的基本特征及优异性状见下表，植株较高，锤度较高，茎小空，难脱叶，无气根，无 57 号毛群，薄蜡粉带，分蘖力强。

名称	株高 /cm	茎径 /cm	叶长 /cm	叶宽 /cm	锤度 /%	空蒲心	脱叶性	气根性	57 号毛群	蜡粉带
凤平割手密	186	0.44	68.0	0.5	11.4	小空	难	无	无	薄

【利用价值】可用作甘蔗育种亲本，用于强分蘖品种的选育。

213. 金鸡割手密

【采集地】广西梧州市岑溪市归义镇金鸡村。

【类型及分布】属于禾本科甘蔗属，在盆地平坦地带的公路边群生分布。

【特征特性】金鸡割手密的基本特征及优异性状见下表，植株较矮，锤度较高，茎小空，难脱叶，无气根，无 57 号毛群，薄蜡粉带，宿根性强。

名称	株高 /cm	茎径 /cm	叶长 /cm	叶宽 /cm	锤度 /%	空蒲心	脱叶性	气根性	57 号毛群	蜡粉带
金鸡割手密	106	0.44	74.0	0.4	14.0	小空	难	无	无	薄

【利用价值】可用作甘蔗育种亲本，用于强宿根品种的选育。

214. 会村割手密

【采集地】广西梧州市岑溪市大业镇会村村。

【类型及分布】属于禾本科甘蔗属，在山地坑洼地带的农田边群生分布。

【特征特性】会村割手密的基本特征及优异性状见下表，植株矮，锤度较低，茎实心，难脱叶，无气根，无57号毛群，薄蜡粉带，分蘖力强。

名称	株高 /cm	茎径 /cm	叶长 /cm	叶宽 /cm	锤度 /%	空蒲心	脱叶性	气根性	57 号毛群	蜡粉带
会村割手密	78	0.44	115.0	0.5	9.0	无	难	无	无	薄

【利用价值】可用作甘蔗育种亲本，用于强分蘖品种的选育。

215. 诚谏割手密

【**采集地**】广西梧州市岑溪市诚谏镇诚谏社区。

【**类型及分布**】属于禾本科甘蔗属，在山地坑洼地带的农田边群生分布。

【**特征特性**】诚谏割手密的基本特征及优异性状见下表，植株高大，茎粗壮，锤度较低，茎中空，难脱叶，无气根，无 57 号毛群，薄蜡粉带，宿根性强。

名称	株高 /cm	茎径 /cm	叶长 /cm	叶宽 /cm	锤度 /%	空蒲心	脱叶性	气根性	57 号毛群	蜡粉带
诚谏割手密	303	1.16	54.0	0.5	8.0	中空	难	无	无	薄

【**利用价值**】可用作甘蔗育种亲本，用于高产、强宿根品种的选育。

216. 水汶割手密 1

【**采集地**】广西梧州市岑溪市水汶镇水汶社区。

【**类型及分布**】属于禾本科甘蔗属，在丘陵平坦地带的农田边群生分布。

【**特征特性**】水汶割手密 1 的基本特征及优异性状见下表，植株较矮，锤度较低，茎小空，难脱叶，无气根，无 57 号毛群，薄蜡粉带，宿根性强。

名称	株高 /cm	茎径 /cm	叶长 /cm	叶宽 /cm	锤度 /%	空蒲心	脱叶性	气根性	57 号毛群	蜡粉带
水汶割手密 1	107	0.59	96.5	0.6	9.3	小空	难	无	无	薄

【**利用价值**】可用作甘蔗育种亲本，用于强宿根品种的选育。

217. 太云割手密

【采集地】广西梧州市岑溪市水汶镇太云村。

【类型及分布】属于禾本科甘蔗属,在山地坑洼地带的草地中群生分布。

【特征特性】太云割手密的基本特征及优异性状见下表,植株较高,锤度较高,茎实心,难脱叶,无气根,无57号毛群,薄蜡粉带,宿根性强。

名称	株高/cm	茎径/cm	叶长/cm	叶宽/cm	锤度/%	空蒲心	脱叶性	气根性	57号毛群	蜡粉带
太云割手密	195	0.68	82.0	0.6	11.0	无	难	无	无	薄

【利用价值】可用作甘蔗育种亲本,用于强宿根品种的选育。

218. 水汶割手密 2

【采集地】广西梧州市岑溪市水汶镇水汶社区。

【类型及分布】属于禾本科甘蔗属，在山地坑洼地带的农田旁群生分布。

【特征特性】水汶割手密 2 的基本特征及优异性状见下表，植株较矮，锤度较低，茎小空，难脱叶，无气根，无 57 号毛群，薄蜡粉带，分蘖力强。

名称	株高 /cm	茎径 /cm	叶长 /cm	叶宽 /cm	锤度 /%	空蒲心	脱叶性	气根性	57 号毛群	蜡粉带
水汶割手密 2	114	0.48	65.0	0.6	6.3	小空	难	无	无	薄

【利用价值】可用作甘蔗育种亲本，用于强分蘖品种的选育。

219. 六丰割手密

【采集地】广西梧州市岑溪市南渡镇六丰村。

【类型及分布】属于禾本科甘蔗属，在盆地平坦地带的农田边群生分布。

【特征特性】六丰割手密的基本特征及优异性状见下表，植株较高，锤度较低，茎实心，难脱叶，无气根，无 57 号毛群，薄蜡粉带，宿根性强。

名称	株高 /cm	茎径 /cm	叶长 /cm	叶宽 /cm	锤度 /%	空蒲心	脱叶性	气根性	57 号毛群	蜡粉带
六丰割手密	179	0.65	122.5	1.4	7.2	无	难	无	无	薄

【利用价值】可用作甘蔗育种亲本，用于强宿根品种的选育。

220. 中林割手密

【采集地】广西梧州市岑溪市马路镇中林村。

【类型及分布】属于禾本科甘蔗属，在山地坑洼地带的农田边群生分布。

【特征特性】中林割手密的基本特征及优异性状见下表，植株较高，锤度较低，茎小空，难脱叶，无气根，无57号毛群，厚蜡粉带，宿根性强。

名称	株高/cm	茎径/cm	叶长/cm	叶宽/cm	锤度/%	空蒲心	脱叶性	气根性	57号毛群	蜡粉带
中林割手密	156	0.45	100.5	0.9	6.9	小空	难	无	无	厚

【利用价值】可用作甘蔗育种亲本，用于强宿根品种的选育。

221. 塘坡割手密

【采集地】广西梧州市岑溪市糯峒镇塘坡村。

【类型及分布】属于禾本科甘蔗属，在盆地平坦地带的农田旁群生分布。

【特征特性】塘坡割手密的基本特征及优异性状见下表，植株较矮，锤度较高，茎小空，难脱叶，无气根，无 57 号毛群，薄蜡粉带，宿根性强。

名称	株高 /cm	茎径 /cm	叶长 /cm	叶宽 /cm	锤度 /%	空蒲心	脱叶性	气根性	57 号毛群	蜡粉带
塘坡割手密	130	0.54	62.0	0.6	12.6	小空	难	无	无	薄

【利用价值】可用作甘蔗育种亲本，用于强宿根品种的选育。

222. 新塘割手密

【采集地】广西梧州市岑溪市糯峒镇新塘村。

【类型及分布】属于禾本科甘蔗属，在盆地平坦地带的农田边群生分布。

【特征特性】新塘割手密的基本特征及优异性状见下表，植株矮，锤度较低，茎小空，难脱叶，无气根，无 57 号毛群，薄蜡粉带，宿根性强。

名称	株高 /cm	茎径 /cm	叶长 /cm	叶宽 /cm	锤度 /%	空蒲心	脱叶性	气根性	57 号毛群	蜡粉带
新塘割手密	74	0.35	84.0	0.8	6.0	小空	难	无	无	薄

【利用价值】可用作甘蔗育种亲本，用于强宿根品种的选育。

223. 龙母割手密

【采集地】广西梧州市岑溪市糯垌镇龙母村。

【类型及分布】属于禾本科甘蔗属，在丘陵起伏地带的草地中群生分布。

【特征特性】龙母割手密的基本特征及优异性状见下表，植株较矮，锤度较低，茎实心，难脱叶，无气根，无 57 号毛群，薄蜡粉带，分蘖力强。

名称	株高 /cm	茎径 /cm	叶长 /cm	叶宽 /cm	锤度 /%	空蒲心	脱叶性	气根性	57 号毛群	蜡粉带
龙母割手密	142	0.62	83.0	0.4	7.2	无	难	无	无	薄

【利用价值】可用作甘蔗育种亲本，用于强分蘖品种的选育。

224. 振大割手密

【采集地】广西梧州市岑溪市三堡镇振大村。

【类型及分布】属于禾本科甘蔗属，在山地坑洼地带的林间空地群生分布。

【特征特性】振大割手密的基本特征及优异性状见下表，植株较高，锤度较低，茎实心，难脱叶，无气根，无57号毛群，薄蜡粉带，分蘖力强，宿根性强。

名称	株高/cm	茎径/cm	叶长/cm	叶宽/cm	锤度/%	空蒲心	脱叶性	气根性	57号毛群	蜡粉带
振大割手密	161	0.69	73.0	0.5	8.0	无	难	无	无	薄

【利用价值】可用作甘蔗育种亲本，用于强分蘖、强宿根品种的选育。

225. 美术割手密

【采集地】广西梧州市岑溪市三堡镇美术村。

【类型及分布】属于禾本科甘蔗属，在山地坑洼地带的草地中群生分布。

【特征特性】美术割手密的基本特征及优异性状见下表，植株较高，锤度较低，茎实心，难脱叶，无气根，无57号毛群，薄蜡粉带，分蘖力强。

名称	株高/cm	茎径/cm	叶长/cm	叶宽/cm	锤度/%	空蒲心	脱叶性	气根性	57号毛群	蜡粉带
美术割手密	163	0.64	115.0	1.0	9.0	无	难	无	无	薄

【利用价值】可用作甘蔗育种亲本，用于强分蘖品种的选育。

226. 祝庆割手密

【采集地】广西梧州市岑溪市三堡镇祝庆村。

【类型及分布】属于禾本科甘蔗属，在山地坑洼地带的草地中群生分布。

【特征特性】祝庆割手密的基本特征及优异性状见下表，植株较矮，锤度较低，茎实心，难脱叶，无气根，无57号毛群，薄蜡粉带，宿根性强。

名称	株高 /cm	茎径 /cm	叶长 /cm	叶宽 /cm	锤度 /%	空蒲心	脱叶性	气根性	57号毛群	蜡粉带
祝庆割手密	149	0.53	87.0	0.9	9.0	无	难	无	无	薄

【利用价值】可用作甘蔗育种亲本，用于强宿根品种的选育。

227. 伏六割手密

【采集地】广西梧州市岑溪市马路镇伏六村。

【类型及分布】属于禾本科甘蔗属，在山地坑洼地带的山脚下散生分布。

【特征特性】伏六割手密的基本特征及优异性状见下表，植株高大，锤度较低，茎实心，难脱叶，无气根，无57号毛群，薄蜡粉带，宿根性强。

名称	株高/cm	茎径/cm	叶长/cm	叶宽/cm	锤度/%	空蒲心	脱叶性	气根性	57号毛群	蜡粉带
伏六割手密	234	0.68	84.5	0.8	5.2	无	难	无	无	薄

【利用价值】可用作甘蔗育种亲本，用于高产、强宿根品种的选育。

228. 善村割手密

【采集地】广西梧州市岑溪市马路镇善村村。

【类型及分布】属于禾本科甘蔗属，在山地起伏地带的村边群生分布。

【特征特性】善村割手密的基本特征及优异性状见下表，植株高大，锤度较低，茎中蒲，难脱叶，无气根，无57号毛群，薄蜡粉带，宿根性强。

名称	株高/cm	茎径/cm	叶长/cm	叶宽/cm	锤度/%	空蒲心	脱叶性	气根性	57号毛群	蜡粉带
善村割手密	211	0.75	70.0	0.9	9.0	中蒲	难	无	无	薄

【利用价值】可用作甘蔗育种亲本，用于高产、强宿根品种的选育。

229. 洪潮割手密

【采集地】广西北海市合浦县星岛湖镇洪潮村。

【类型及分布】属于禾本科甘蔗属，在丘陵起伏地带的农田旁散生分布。

【特征特性】洪潮割手密的基本特征及优异性状见下表，植株矮，锤度较低，茎实心，难脱叶，无气根，57号毛群较少，薄蜡粉带，宿根性强。

名称	株高 /cm	茎径 /cm	叶长 /cm	叶宽 /cm	锤度 /%	空蒲心	脱叶性	气根性	57号毛群	蜡粉带
洪潮割手密	55	0.36	75.0	0.7	5.6	无	难	无	较少	薄

【利用价值】可用作甘蔗育种亲本，用于强宿根品种的选育。

230. 总江割手密

【采集地】广西北海市合浦县星岛湖镇总江村。

【类型及分布】属于禾本科甘蔗属，在丘陵平坦地带的公路旁群生分布。

【特征特性】总江割手密的基本特征及优异性状见下表，植株矮，锤度较低，茎实心，难脱叶，无气根，57号毛群少，薄蜡粉带，宿根性强。

名称	株高 /cm	茎径 /cm	叶长 /cm	叶宽 /cm	锤度 /%	空蒲心	脱叶性	气根性	57 号毛群	蜡粉带
总江割手密	69	0.39	67.0	0.6	9.0	无	难	无	少	薄

【利用价值】可用作甘蔗育种亲本，用于强宿根品种的选育。

231. 水车割手密

【采集地】广西北海市合浦县石康镇水车村。

【类型及分布】属于禾本科甘蔗属，在平原平坦地带的农田旁散生分布。

【特征特性】水车割手密的基本特征及优异性状见下表，植株高大，锤度较低，茎小蒲，难脱叶，无气根，57号毛群少，薄蜡粉带，分蘖力强。

名称	株高 /cm	茎径 /cm	叶长 /cm	叶宽 /cm	锤度 /%	空蒲心	脱叶性	气根性	57 号毛群	蜡粉带
水车割手密	205	0.67	108.0	0.6	6.2	小蒲	难	无	少	薄

【利用价值】可用作甘蔗育种亲本，用于高产、强分蘖品种的选育。

232. 火星割手密

【采集地】广西北海市合浦县常乐镇火星村。

【类型及分布】属于禾本科甘蔗属，在平原平坦地带的农田旁散生分布。

【特征特性】火星割手密的基本特征及优异性状见下表，植株较矮，锤度较低，茎大蒲，难脱叶，无气根，57 号毛群少，薄蜡粉带，宿根性强。

名称	株高 /cm	茎径 /cm	叶长 /cm	叶宽 /cm	锤度 /%	空蒲心	脱叶性	气根性	57 号毛群	蜡粉带
火星割手密	137	0.52	118.0	0.7	6.8	大蒲	难	无	少	薄

【利用价值】可用作甘蔗育种亲本，用于强宿根品种的选育。

233. 阳月割手密

【采集地】广西北海市合浦县常乐镇阳月村。

【类型及分布】属于禾本科甘蔗属，在平原平坦地带的农田旁散生分布。

【特征特性】阳月割手密的基本特征及优异性状见下表，植株较矮，锤度较低，茎实心，难脱叶，无气根，57 号毛群少，薄蜡粉带，宿根性强。

名称	株高 /cm	茎径 /cm	叶长 /cm	叶宽 /cm	锤度 /%	空蒲心	脱叶性	气根性	57 号毛群	蜡粉带
阳月割手密	119	0.50	76.0	0.6	6.0	无	难	无	少	薄

【利用价值】可用作甘蔗育种亲本，用于强宿根品种的选育。

234. 西城割手密

【采集地】广西北海市合浦县常乐镇西城村。

【类型及分布】属于禾本科甘蔗属，在平原平坦地带的草地中群生分布。

【特征特性】西城割手密的基本特征及优异性状见下表，植株高大，锤度较低，茎中蒲，难脱叶，无气根，57 号毛群少，薄蜡粉带，宿根性强。

名称	株高 /cm	茎径 /cm	叶长 /cm	叶宽 /cm	锤度 /%	空蒲心	脱叶性	气根性	57 号毛群	蜡粉带
西城割手密	213	0.78	108.0	0.9	6.2	中蒲	难	无	少	薄

【利用价值】可用作甘蔗育种亲本，用于高产、强宿根品种的选育。

235. 大江割手密

【采集地】广西北海市合浦县廉州镇大江村。

【类型及分布】属于禾本科甘蔗属，在丘陵平坦地带的农田边群生分布。

【特征特性】大江割手密的基本特征及优异性状见下表，植株较矮，锤度低，茎小蒲，难脱叶，无气根，57号毛群少，薄蜡粉带，分蘖力强，宿根性强。

名称	株高 /cm	茎径 /cm	叶长 /cm	叶宽 /cm	锤度 /%	空蒲心	脱叶性	气根性	57 号毛群	蜡粉带
大江割手密	106	0.69	98.0	0.4	4.6	小蒲	难	无	少	薄

【利用价值】可用作甘蔗育种亲本，用于强分蘖、强宿根品种的选育。

236. 螺江割手密

【采集地】广西北海市合浦县党江镇螺江村。

【类型及分布】属于禾本科甘蔗属，在平原平坦地带的河滩群生分布。

【特征特性】螺江割手密的基本特征及优异性状见下表，植株较矮，锤度较低，茎实心，难脱叶，无气根，57 号毛群少，薄蜡粉带，耐涝性好。

名称	株高 /cm	茎径 /cm	叶长 /cm	叶宽 /cm	锤度 /%	空蒲心	脱叶性	气根性	57 号毛群	蜡粉带
螺江割手密	131	0.61	98.0	0.4	7.0	无	难	无	少	薄

【利用价值】可用作甘蔗育种亲本，用于耐涝品种的选育。

237. 夏佳塘割手密

【采集地】广西北海市合浦县石康镇夏佳塘村。

【类型及分布】属于禾本科甘蔗属，在平原平坦地带的田埂上群生分布。

【特征特性】夏佳塘割手密的基本特征及优异性状见下表，植株较矮，锤度较低，茎实心，难脱叶，无气根，57 号毛群少，薄蜡粉带，宿根性强。

名称	株高 /cm	茎径 /cm	叶长 /cm	叶宽 /cm	锤度 /%	空蒲心	脱叶性	气根性	57 号毛群	蜡粉带
夏佳塘割手密	106	0.39	79.0	0.4	5.2	无	难	无	少	薄

【利用价值】可用作甘蔗育种亲本，用于强宿根品种的选育。

238. 莲南割手密

【采集地】广西北海市合浦县常乐镇莲南村。

【类型及分布】属于禾本科甘蔗属，在平原平坦地带的农田边散生分布。

【特征特性】莲南割手密的基本特征及优异性状见下表，植株矮，锤度较高，茎实心，难脱叶，无气根，57 号毛群少，薄蜡粉带，宿根性强。

名称	株高 /cm	茎径 /cm	叶长 /cm	叶宽 /cm	锤度 /%	空蒲心	脱叶性	气根性	57 号毛群	蜡粉带
莲南割手密	95	0.53	67.0	0.4	11.0	无	难	无	少	薄

【利用价值】可用作甘蔗育种亲本，用于强宿根品种的选育。

239. 富裕割手密

【采集地】广西贺州市昭平县昭平镇富裕村。

【类型及分布】属于禾本科甘蔗属，在丘陵平坦地带的草地中散生分布。

【特征特性】富裕割手密的基本特征及优异性状见下表，植株较矮，锤度较高，茎实心，难脱叶，无气根，无 57 号毛群，薄蜡粉带，宿根性强。

名称	株高 /cm	茎径 /cm	叶长 /cm	叶宽 /cm	锤度 /%	空蒲心	脱叶性	气根性	57 号毛群	蜡粉带
富裕割手密	127	0.66	95.5	0.9	12.5	无	难	无	无	薄

【利用价值】可用作甘蔗育种亲本，用于强宿根品种的选育。

240. 玉河割手密

【采集地】广西贺州市昭平县昭平镇玉河村。

【类型及分布】属于禾本科甘蔗属，在山地平坦地带的农田旁群生分布。

【特征特性】玉河割手密的基本特征及优异性状见下表，植株较高，锤度较高，茎小空，难脱叶，无气根，无 57 号毛群，薄蜡粉带，分蘖力强。

名称	株高 /cm	茎径 /cm	叶长 /cm	叶宽 /cm	锤度 /%	空蒲心	脱叶性	气根性	57 号毛群	蜡粉带
玉河割手密	178	0.54	70.0	0.8	14.0	小空	难	无	无	薄

【利用价值】可用作甘蔗育种亲本，用于强分蘖品种的选育。

第二节　斑　茅　资　源

1. 四合斑茅

【采集地】广西柳州市融水苗族自治县四荣乡四合村。

【类型及分布】属于禾本科蔗茅属，在盆地坑洼地带的河滩边群生分布。

【特征特性】四合斑茅的基本特征及优异性状见下表，植株较矮，锤度较低，茎小蒲，难脱叶，无气根，57号毛群较多，无蜡粉带，分蘖力强。

名称	株高 /cm	茎径 /cm	叶长 /cm	叶宽 /cm	锤度 /%	空蒲心	脱叶性	气根性	57 号毛群	蜡粉带
四合斑茅	110	0.76	142.0	1.3	6.7	小蒲	难	无	较多	无

【利用价值】可用作甘蔗育种亲本，用于强分蘖品种的选育。

2. 金兰斑茅

【采集地】广西柳州市融水苗族自治县香粉乡金兰村。

【类型及分布】属于禾本科蔗茅属，在山地起伏地带的乱石滩群生分布。

【特征特性】金兰斑茅的基本特征及优异性状见下表，植株高大，锤度较高，茎大蒲，难脱叶，无气根，57 号毛群多，无蜡粉带，耐旱耐瘠。

名称	株高 /cm	茎径 /cm	叶长 /cm	叶宽 /cm	锤度 /%	空蒲心	脱叶性	气根性	57 号毛群	蜡粉带
金兰斑茅	211	0.86	140.0	1.6	11.4	大蒲	难	无	多	无

【利用价值】可用作甘蔗育种亲本，用于高产、耐旱品种的选育。

3. 瑶口斑茅

【采集地】广西柳州市融水苗族自治县白云乡瑶口村。

【类型及分布】属于禾本科蔗茅属，在山地坑洼地带的湖泊旁散生分布。

【特征特性】瑶口斑茅的基本特征及优异性状见下表，植株矮，锤度较低，茎大蒲，难脱叶，无气根，57 号毛群少，无蜡粉带，高抗黑穗病。

名称	株高 /cm	茎径 /cm	叶长 /cm	叶宽 /cm	锤度 /%	空蒲心	脱叶性	气根性	57 号毛群	蜡粉带
瑶口斑茅	66	0.75	139.0	0.9	8.7	大蒲	难	无	少	无

【利用价值】可用作甘蔗育种亲本，用于抗病品种的选育。

4. 拱洞斑茅

【采集地】广西柳州市融水苗族自治县拱洞乡拱洞村。

【类型及分布】属于禾本科蔗茅属，在山地坑洼地带的农田旁散生分布。

【特征特性】拱洞斑茅的基本特征及优异性状见下表，植株矮，锤度较低，茎小蒲，难脱叶，无气根，57 号毛群少，无蜡粉带，耐旱耐瘠。

名称	株高 /cm	茎径 /cm	叶长 /cm	叶宽 /cm	锤度 /%	空蒲心	脱叶性	气根性	57 号毛群	蜡粉带
拱洞斑茅	75	0.86	148.0	1.0	7.8	小蒲	难	无	少	无

【利用价值】可用作甘蔗育种亲本，用于耐旱品种的选育。

5. 桂平岩斑茅

【采集地】广西桂林市灌阳县洞井瑶族乡桂平岩村。

【类型及分布】属于禾本科蔗茅属，在山地坑洼地带的河滩上群生分布。

【特征特性】桂平岩斑茅的基本特征及优异性状见下表，植株较矮，锤度较高，茎中蒲，难脱叶，无气根，57号毛群较多，薄蜡粉带，分蘖力强。

名称	株高/cm	茎径/cm	叶长/cm	叶宽/cm	锤度/%	空蒲心	脱叶性	气根性	57号毛群	蜡粉带
桂平岩斑茅	146	0.89	164.6	1.9	11.0	中蒲	难	无	较多	薄

【利用价值】可用作甘蔗育种亲本，用于强分蘖品种的选育。

6. 保良斑茅

【采集地】广西桂林市灌阳县洞井瑶族乡保良村。

【类型及分布】属于禾本科蔗茅属，在山地起伏地带的山腰上散生分布。

【特征特性】保良斑茅的基本特征及优异性状见下表，植株较矮，锤度较低，茎大蒲，难脱叶，无气根，57号毛群多，薄蜡粉带，耐旱性好。

名称	株高/cm	茎径/cm	叶长/cm	叶宽/cm	锤度/%	空蒲心	脱叶性	气根性	57号毛群	蜡粉带
保良斑茅	120	0.91	172.0	3.2	9.0	大蒲	难	无	多	薄

【利用价值】可用作甘蔗育种亲本，用于耐旱品种的选育。

7. 秀凤斑茅

【**采集地**】广西桂林市灌阳县灌阳镇秀凤村。

【**类型及分布**】属于禾本科蔗茅属，在山地坑洼地带的山腰上群生分布。

【**特征特性**】秀凤斑茅的基本特征及优异性状见下表，植株高大，茎粗壮，锤度较高，茎大蒲，难脱叶，无气根，57 号毛群多，薄蜡粉带，耐旱性好。

名称	株高 /cm	茎径 /cm	叶长 /cm	叶宽 /cm	锤度 /%	空蒲心	脱叶性	气根性	57 号毛群	蜡粉带
秀凤斑茅	214	1.27	171.4	4.3	10.0	大蒲	难	无	多	薄

【**利用价值**】可用作甘蔗育种亲本，用于高产、耐旱品种的选育。

8. 黄关斑茅

【采集地】广西桂林市灌阳县黄关镇黄关村。

【类型及分布】属于禾本科蔗茅属，在山地起伏地带的公路旁群生分布。

【特征特性】黄关斑茅的基本特征及优异性状见下表，植株较矮，茎粗壮，锤度较低，茎大蒲，难脱叶，无气根，57 号毛群较多，薄蜡粉带，耐旱性好。

名称	株高 /cm	茎径 /cm	叶长 /cm	叶宽 /cm	锤度 /%	空蒲心	脱叶性	气根性	57 号毛群	蜡粉带
黄关斑茅	112	1.07	179.0	2.8	7.5	大蒲	难	无	较多	薄

【利用价值】可用作甘蔗育种亲本，用于耐旱品种的选育。

 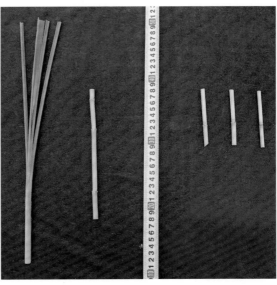

9. 李家斑茅

【采集地】广西桂林市灌阳县西山瑶族乡李家村。

【类型及分布】属于禾本科蔗茅属，在山地坑洼地带的公路旁散生分布。

【特征特性】李家斑茅的基本特征及优异性状见下表，植株较高，茎粗壮，锤度较低，茎中蒲，难脱叶，无气根，57 号毛群较多，薄蜡粉带，分蘖力强。

名称	株高 /cm	茎径 /cm	叶长 /cm	叶宽 /cm	锤度 /%	空蒲心	脱叶性	气根性	57 号毛群	蜡粉带
李家斑茅	180	1.15	178.0	2.1	7.0	中蒲	难	无	较多	薄

【利用价值】可用作甘蔗育种亲本，用于强分蘖品种的选育。

10. 大田斑茅

【采集地】广西桂林市资源县瓜里乡大田村。

【类型及分布】属于禾本科蔗茅属，在山地坑洼地带的河滩边散生分布。

【特征特性】大田斑茅的基本特征及优异性状见下表，植株高大，茎粗壮，锤度较低，茎大蒲，难脱叶，无气根，57 号毛群较多，薄蜡粉带，分蘖力强。

名称	株高 /cm	茎径 /cm	叶长 /cm	叶宽 /cm	锤度 /%	空蒲心	脱叶性	气根性	57 号毛群	蜡粉带
大田斑茅	261	1.15	48.0	0.6	7.5	大蒲	难	无	较多	薄

【利用价值】可用作甘蔗育种亲本，用于高产、强分蘖品种的选育。

11. 白水斑茅

【采集地】广西桂林市资源县瓜里乡白水村。

【类型及分布】属于禾本科蔗茅属，在山地坑洼地带的河谷中散生分布。

【特征特性】白水斑茅的基本特征及优异性状见下表，植株高大，茎粗壮，锤度较低，茎大蒲，难脱叶，无气根，57号毛群较多，薄蜡粉带，高抗黑穗病。

名称	株高/cm	茎径/cm	叶长/cm	叶宽/cm	锤度/%	空蒲心	脱叶性	气根性	57号毛群	蜡粉带
白水斑茅	259	1.11	80.0	1.1	7.0	大蒲	难	无	较多	薄

【利用价值】可用作甘蔗育种亲本，用于高产、抗病品种的选育。

12. 水头斑茅

【采集地】广西桂林市资源县瓜里乡水头村。

【类型及分布】属于禾本科蔗茅属，在山地坑洼地带的农田边散生分布。

【特征特性】水头斑茅的基本特征及优异性状见下表，植株高大，茎粗壮，锤度较低，茎大蒲，难脱叶，无气根，57号毛群较多，薄蜡粉带，耐旱性好。

名称	株高/cm	茎径/cm	叶长/cm	叶宽/cm	锤度/%	空蒲心	脱叶性	气根性	57号毛群	蜡粉带
水头斑茅	339	1.15	37.0	0.8	5.0	大蒲	难	无	较多	薄

【利用价值】可用作甘蔗育种亲本，用于高产、耐旱品种的选育。

13. 大坨斑茅

【采集地】广西桂林市资源县梅溪镇大坨村。

【类型及分布】属于禾本科蔗茅属，在山地起伏地带的山腰上散生分布。

【特征特性】大坨斑茅的基本特征及优异性状见下表，植株高大，茎粗壮，锤度较低，茎大蒲，难脱叶，无气根，57 号毛群较多，无蜡粉带，耐旱耐瘠。

名称	株高 /cm	茎径 /cm	叶长 /cm	叶宽 /cm	锤度 /%	空蒲心	脱叶性	气根性	57 号毛群	蜡粉带
大坨斑茅	298	1.87	46.0	1.1	8.0	大蒲	难	无	较多	无

【利用价值】可用作甘蔗育种亲本，用于高产、耐旱品种的选育。

14. 黄宝斑茅

【采集地】广西桂林市资源县车田苗族乡黄宝村。

【类型及分布】属于禾本科蔗茅属，在丘陵平坦地带的河谷中群生分布。

【特征特性】黄宝斑茅的基本特征及优异性状见下表，植株高大，茎粗壮，锤度较低，茎大蒲，难脱叶，无气根，57 号毛群较多，无蜡粉带，分蘖力强。

名称	株高 /cm	茎径 /cm	叶长 /cm	叶宽 /cm	锤度 /%	空蒲心	脱叶性	气根性	57 号毛群	蜡粉带
黄宝斑茅	232	1.30	75.0	1.6	8.8	大蒲	难	无	较多	无

【利用价值】可用作甘蔗育种亲本，用于高产、强分蘖品种的选育。

15. 石溪头斑茅

【采集地】广西桂林市资源县资源镇石溪头村。

【类型及分布】属于禾本科蔗茅属，在山地坑洼地带的溪边群生分布。

【特征特性】石溪头斑茅的基本特征及优异性状见下表，植株矮，锤度较低，茎大蒲，难脱叶，无气根，57 号毛群较多，无蜡粉带，宿根性强。

名称	株高 /cm	茎径 /cm	叶长 /cm	叶宽 /cm	锤度 /%	空蒲心	脱叶性	气根性	57 号毛群	蜡粉带
石溪头斑茅	66	0.99	147.0	2.8	5.4	大蒲	难	无	较多	无

【利用价值】可用作甘蔗育种亲本，用于强宿根品种的选育。

16. 车田湾斑茅

【采集地】广西桂林市资源县中峰镇车田湾村。

【类型及分布】属于禾本科蔗茅属，在盆地起伏地带的公路旁散生分布。

【特征特性】车田湾斑茅的基本特征及优异性状见下表，植株矮，锤度较低，茎大蒲，难脱叶，无气根，57 号毛群较多，无蜡粉带，耐旱耐瘠。

名称	株高 /cm	茎径 /cm	叶长 /cm	叶宽 /cm	锤度 /%	空蒲心	脱叶性	气根性	57 号毛群	蜡粉带
车田湾斑茅	72	0.65	120.0	1.0	9.0	大蒲	难	无	较多	无

【利用价值】可用作甘蔗育种亲本，用于耐旱品种的选育。

17. 大源斑茅

【采集地】广西桂林市资源县中峰镇大源村。

【类型及分布】属于禾本科蔗茅属，在山地起伏地带的公路旁散生分布。

【特征特性】大源斑茅的基本特征及优异性状见下表，植株较高，锤度较高，茎大蒲，难脱叶，无气根，57 号毛群较多，无蜡粉带，耐旱性好。

名称	株高 /cm	茎径 /cm	叶长 /cm	叶宽 /cm	锤度 /%	空蒲心	脱叶性	气根性	57 号毛群	蜡粉带
大源斑茅	177	0.98	151.0	2.2	10.0	大蒲	难	无	较多	无

【利用价值】可用作甘蔗育种亲本，用于耐旱品种的选育。

18. 枫木斑茅

【采集地】广西桂林市资源县中峰镇枫木村。

【类型及分布】属于禾本科蔗茅属，在山地起伏地带的乱石滩群生分布。

【特征特性】枫木斑茅的基本特征及优异性状见下表，植株较矮，锤度较低，茎大蒲，难脱叶，无气根，57 号毛群较多，无蜡粉带，耐旱耐瘠。

名称	株高 /cm	茎径 /cm	叶长 /cm	叶宽 /cm	锤度 /%	空蒲心	脱叶性	气根性	57 号毛群	蜡粉带
枫木斑茅	145	0.68	151.0	1.7	9.2	大蒲	难	无	较多	无

【利用价值】可用作甘蔗育种亲本，用于耐旱品种的选育。

19. 社岭斑茅

【采集地】广西桂林市资源县中峰镇社岭村。

【类型及分布】属于禾本科蔗茅属，在山地坑洼地带的乱石滩群生分布。

【特征特性】社岭斑茅的基本特征及优异性状见下表，植株矮，锤度较高，茎大蒲，难脱叶，无气根，57 号毛群较多，无蜡粉带，耐旱耐瘠。

名称	株高 /cm	茎径 /cm	叶长 /cm	叶宽 /cm	锤度 /%	空蒲心	脱叶性	气根性	57 号毛群	蜡粉带
社岭斑茅	91	0.91	84.0	1.6	13.2	大蒲	难	无	较多	无

【利用价值】可用作甘蔗育种亲本，用于耐旱品种的选育。

20. 葱坪斑茅

【**采集地**】广西桂林市资源县河口瑶族乡葱坪村。

【**类型及分布**】属于禾本科蔗茅属，在山地起伏地带的公路旁群生分布。

【**特征特性**】葱坪斑茅的基本特征及优异性状见下表，植株矮，锤度较低，茎大蒲，难脱叶，无气根，57号毛群较多，无蜡粉带，耐旱性好。

名称	株高/cm	茎径/cm	叶长/cm	叶宽/cm	锤度/%	空蒲心	脱叶性	气根性	57号毛群	蜡粉带
葱坪斑茅	70	0.77	120.0	2.1	8.6	大蒲	难	无	较多	无

【**利用价值**】可用作甘蔗育种亲本，用于耐旱品种的选育。

21. 车田斑茅

【**采集地**】广西桂林市资源县车田苗族乡车田村。

【**类型及分布**】属于禾本科蔗茅属，在山地坑洼地带的公路旁群生分布。

【**特征特性**】车田斑茅的基本特征及优异性状见下表，植株矮，茎粗壮，锤度较低，茎大蒲，难脱叶，无气根，57号毛群较多，无蜡粉带，耐旱耐瘠。

名称	株高/cm	茎径/cm	叶长/cm	叶宽/cm	锤度/%	空蒲心	脱叶性	气根性	57号毛群	蜡粉带
车田斑茅	91	1.10	146.0	3.9	9.0	大蒲	难	无	较多	无

【**利用价值**】可用作甘蔗育种亲本，用于耐旱品种的选育。

22. 委敢斑茅

【采集地】广西百色市隆林各族自治县沙梨乡委敢村。

【类型及分布】属于禾本科蔗茅属，在山地坑洼地带的农田旁散生分布。

【特征特性】委敢斑茅的基本特征及优异性状见下表，植株高大，茎粗壮，锤度较低，茎大蒲，难脱叶，无气根，57号毛群较多，薄蜡粉带，宿根性强。

名称	株高/cm	茎径/cm	叶长/cm	叶宽/cm	锤度/%	空蒲心	脱叶性	气根性	57号毛群	蜡粉带
委敢斑茅	450	1.76	230.5	3.0	6.0	大蒲	难	无	较多	薄

【利用价值】可用作甘蔗育种亲本，用于高产、强宿根品种的选育。

23. 民新斑茅

【**采集地**】广西百色市隆林各族自治县平班镇民新村。

【**类型及分布**】属于禾本科蔗茅属，在山地坑洼地带的农田旁群生分布。

【**特征特性**】民新斑茅的基本特征及优异性状见下表，植株高大，茎粗壮，锤度较低，茎大蒲，难脱叶，无气根，57 号毛群较多，薄蜡粉带，耐旱耐瘠。

名称	株高 /cm	茎径 /cm	叶长 /cm	叶宽 /cm	锤度 /%	空蒲心	脱叶性	气根性	57 号毛群	蜡粉带
民新斑茅	321	1.31	165.0	2.4	6.0	大蒲	难	无	较多	薄

【**利用价值**】可用作甘蔗育种亲本，用于高产、耐旱品种的选育。

24. 八好斑茅

【**采集地**】广西河池市大化瑶族自治县板升乡八好村。

【**类型及分布**】属于禾本科蔗茅属，在山地坑洼地带的山腰边散生分布。

【**特征特性**】八好斑茅的基本特征及优异性状见下表，植株高大，茎粗壮，锤度低，茎大蒲，难脱叶，有气根，57 号毛群较多，薄蜡粉带，耐旱耐瘠。

名称	株高 /cm	茎径 /cm	叶长 /cm	叶宽 /cm	锤度 /%	空蒲心	脱叶性	气根性	57 号毛群	蜡粉带
八好斑茅	290	1.89	198.0	4.6	4.4	大蒲	难	有	较多	薄

【**利用价值**】可用作甘蔗育种亲本，用于高产、耐旱品种的选育。

25. 弄腾斑茅

【采集地】广西河池市大化瑶族自治县七百弄乡弄腾村。

【类型及分布】属于禾本科蔗茅属，在山地起伏地带的山腰边散生分布。

【特征特性】弄腾斑茅的基本特征及优异性状见下表，植株较高，茎粗壮，锤度较低，茎大蒲，难脱叶，无气根，57号毛群较多，无蜡粉带，耐旱耐瘠。

名称	株高 /cm	茎径 /cm	叶长 /cm	叶宽 /cm	锤度 /%	空蒲心	脱叶性	气根性	57 号毛群	蜡粉带
弄腾斑茅	166	1.20	157.0	3.7	7.2	大蒲	难	无	较多	无

【利用价值】可用作甘蔗育种亲本，用于耐旱品种的选育。

26. 板登斑茅

【采集地】广西河池市东兰县长乐镇板登村。

【类型及分布】属于禾本科蔗茅属，在山地坑洼地带的山脚下散生分布。

【特征特性】板登斑茅的基本特征及优异性状见下表，植株高大，茎粗壮，锤度较低，茎大蒲，难脱叶，有气根，57 号毛群少，无蜡粉带，耐旱性好。

名称	株高 /cm	茎径 /cm	叶长 /cm	叶宽 /cm	锤度 /%	空蒲心	脱叶性	气根性	57 号毛群	蜡粉带
板登斑茅	250	1.05	110.0	2.3	7.0	大蒲	难	有	少	无

【利用价值】可用作甘蔗育种亲本，用于高产、耐旱品种的选育。

27. 大柳斑茅

【采集地】广西桂林市龙胜各族自治县龙脊镇大柳村。

【类型及分布】属于禾本科蔗茅属，在山地起伏地带的山脚下群生分布。

【特征特性】大柳斑茅的基本特征及优异性状见下表，植株较高，茎粗壮，锤度较低，茎大蒲，难脱叶，无气根，57 号毛群较多，无蜡粉带，分蘖力强。

名称	株高 /cm	茎径 /cm	叶长 /cm	叶宽 /cm	锤度 /%	空蒲心	脱叶性	气根性	57 号毛群	蜡粉带
大柳斑茅	197	1.12	197.0	2.4	6.0	大蒲	难	无	较多	无

【利用价值】可用作甘蔗育种亲本，用于强分蘖品种的选育。

28. 桂龙斑茅

【**采集地**】广西桂林市龙胜各族自治县龙胜镇桂龙社区。

【**类型及分布**】属于禾本科蔗茅属，在山地坑洼地带的河滩边群生分布。

【**特征特性**】桂龙斑茅的基本特征及优异性状见下表，植株较矮，锤度较低，茎大蒲，难脱叶，无气根，57 号毛群较多，无蜡粉带，分蘖力强。

名称	株高 /cm	茎径 /cm	叶长 /cm	叶宽 /cm	锤度 /%	空蒲心	脱叶性	气根性	57 号毛群	蜡粉带
桂龙斑茅	115	0.83	110.0	1.4	5.0	大蒲	难	无	较多	无

【**利用价值**】可用作甘蔗育种亲本，用于强分蘖品种的选育。

29. 里茶斑茅

【采集地】广西桂林市龙胜各族自治县泗水乡里茶村。

【类型及分布】属于禾本科蔗茅属，在山地起伏地带的草地中群生分布。

【特征特性】里茶斑茅的基本特征及优异性状见下表，植株高大，茎粗壮，锤度较低，茎大蒲，难脱叶，无气根，57号毛群较多，无蜡粉带，分蘖力强。

名称	株高 /cm	茎径 /cm	叶长 /cm	叶宽 /cm	锤度 /%	空蒲心	脱叶性	气根性	57 号毛群	蜡粉带
里茶斑茅	202	1.24	127.0	3.3	8.4	大蒲	难	无	较多	无

【利用价值】可用作甘蔗育种亲本，用于高产、强分蘖品种的选育。

30. 八滩斑茅

【采集地】广西桂林市龙胜各族自治县泗水乡八滩村。

【类型及分布】属于禾本科蔗茅属，在山地起伏地带的乱石滩群生分布。

【特征特性】八滩斑茅的基本特征及优异性状见下表，植株较矮，锤度较高，茎大蒲，难脱叶，无气根，57号毛群较多，薄蜡粉带，耐瘠耐旱。

名称	株高 /cm	茎径 /cm	叶长 /cm	叶宽 /cm	锤度 /%	空蒲心	脱叶性	气根性	57 号毛群	蜡粉带
八滩斑茅	103	0.90	143.0	2.3	12.0	大蒲	难	无	较多	薄

【利用价值】可用作甘蔗育种亲本，用于耐旱品种的选育。

31. 孟化斑茅

【采集地】广西桂林市龙胜各族自治县瓢里镇孟化村。

【类型及分布】属于禾本科蔗茅属，在山地坑洼地带的河滩旁散生分布。

【特征特性】孟化斑茅的基本特征及优异性状见下表，植株矮，锤度较高，茎大蒲，难脱叶，无气根，57号毛群较多，无蜡粉带，分蘖力强。

名称	株高/cm	茎径/cm	叶长/cm	叶宽/cm	锤度/%	空蒲心	脱叶性	气根性	57号毛群	蜡粉带
孟化斑茅	58	0.64	99.0	0.8	10.8	大蒲	难	无	较多	无

【利用价值】可用作甘蔗育种亲本，用于强分蘖品种的选育。

32. 乐江斑茅

【采集地】广西桂林市龙胜各族自治县乐江镇乐江村。

【类型及分布】属于禾本科蔗茅属，在山地坑洼地带的河滩旁群生分布。

【特征特性】乐江斑茅的基本特征及优异性状见下表，植株较矮，锤度较低，茎大蒲，难脱叶，无气根，57号毛群较多，无蜡粉带，分蘖力强。

名称	株高 /cm	茎径 /cm	叶长 /cm	叶宽 /cm	锤度 /%	空蒲心	脱叶性	气根性	57 号毛群	蜡粉带
乐江斑茅	138	0.56	131.0	1.1	7.4	大蒲	难	无	较多	无

【利用价值】可用作甘蔗育种亲本，用于强分蘖品种的选育。

33. 江口斑茅 1

【采集地】广西桂林市龙胜各族自治县乐江镇江口村。

【类型及分布】属于禾本科蔗茅属，在山地起伏地带的农田边散生分布。

【特征特性】江口斑茅 1 的基本特征及优异性状见下表，植株矮，锤度较低，茎大蒲，难脱叶，无气根，57号毛群较多，薄蜡粉带，耐旱耐瘠。

名称	株高 /cm	茎径 /cm	叶长 /cm	叶宽 /cm	锤度 /%	空蒲心	脱叶性	气根性	57 号毛群	蜡粉带
江口斑茅 1	75	0.74	85.0	1.4	9.0	大蒲	难	无	较多	薄

【利用价值】可用作甘蔗育种亲本，用于耐旱品种的选育。

34. 洪寨斑茅

【采集地】广西桂林市龙胜各族自治县三门镇洪寨村。

【类型及分布】属于禾本科蔗茅属，在山地起伏地带的草地中散生分布。

【特征特性】洪寨斑茅的基本特征及优异性状见下表，植株矮，茎粗壮，锤度较高，茎中蒲，难脱叶，无气根，57 号毛群较多，无蜡粉带，高抗黑穗病。

名称	株高 /cm	茎径 /cm	叶长 /cm	叶宽 /cm	锤度 /%	空蒲心	脱叶性	气根性	57 号毛群	蜡粉带
洪寨斑茅	94	1.01	126.0	3.2	11.2	中蒲	难	无	较多	无

【利用价值】可用作甘蔗育种亲本，用于抗病品种的选育。

35. 上塘斑茅

【采集地】广西桂林市龙胜各族自治县瓢里镇上塘村。

【类型及分布】属于禾本科蔗茅属，在山地平坦地带的乱石滩中群生分布。

【特征特性】上塘斑茅的基本特征及优异性状见下表，植株矮，锤度较低，茎大蒲，难脱叶，无气根，57 号毛群较多，无蜡粉带，耐旱耐瘠。

名称	株高 /cm	茎径 /cm	叶长 /cm	叶宽 /cm	锤度 /%	空蒲心	脱叶性	气根性	57 号毛群	蜡粉带
上塘斑茅	36	0.60	109.0	1.3	9.0	大蒲	难	无	较多	无

【利用价值】可用作甘蔗育种亲本，用于耐旱品种的选育。

36. 牛头斑茅

【采集地】广西桂林市龙胜各族自治县马堤乡牛头村。

【类型及分布】属于禾本科蔗茅属，在山地坑洼地带的草地中群生分布。

【特征特性】牛头斑茅的基本特征及优异性状见下表，植株较矮，锤度较低，茎大蒲，难脱叶，无气根，57 号毛群较多，无蜡粉带，耐旱耐瘠。

名称	株高 /cm	茎径 /cm	叶长 /cm	叶宽 /cm	锤度 /%	空蒲心	脱叶性	气根性	57 号毛群	蜡粉带
牛头斑茅	101	0.93	137.0	1.1	9.2	大蒲	难	无	较多	无

【利用价值】可用作甘蔗育种亲本，用于耐旱品种的选育。

37. 马堤斑茅

【采集地】广西桂林市龙胜各族自治县马堤乡马堤村。

【类型及分布】属于禾本科蔗茅属，在山地坑洼地带的农田边散生分布。

【特征特性】马堤斑茅的基本特征及优异性状见下表，植株较矮，锤度较低，茎大蒲，难脱叶，无气根，57 号毛群较多，无蜡粉带，宿根性强。

名称	株高 /cm	茎径 /cm	叶长 /cm	叶宽 /cm	锤度 /%	空蒲心	脱叶性	气根性	57 号毛群	蜡粉带
马堤斑茅	120	0.85	90.0	1.9	9.2	大蒲	难	无	较多	无

【利用价值】可用作甘蔗育种亲本，用于强宿根品种的选育。

38. 泥塘斑茅

【采集地】广西桂林市龙胜各族自治县江底乡泥塘村。

【类型及分布】属于禾本科蔗茅属，在山地起伏地带的山腰上散生分布。

【特征特性】泥塘斑茅的基本特征及优异性状见下表，植株矮，锤度较高，茎大蒲，难脱叶，无气根，57号毛群较多，无蜡粉带，耐旱耐瘠。

名称	株高 /cm	茎径 /cm	叶长 /cm	叶宽 /cm	锤度 /%	空蒲心	脱叶性	气根性	57 号毛群	蜡粉带
泥塘斑茅	49	0.89	78.0	1.9	11.0	大蒲	难	无	较多	无

【利用价值】可用作甘蔗育种亲本，用于耐旱品种的选育。

39. 大村斑茅

【采集地】广西柳州市鹿寨县鹿寨镇大村村。

【类型及分布】属于禾本科蔗茅属，在山地坑洼地带的灌丛下群生分布。

【特征特性】大村斑茅的基本特征及优异性状见下表，植株较高，茎粗壮，锤度较低，茎大蒲，难脱叶，无气根，57号毛群多，无蜡粉带，分蘖力强。

名称	株高 /cm	茎径 /cm	叶长 /cm	叶宽 /cm	锤度 /%	空蒲心	脱叶性	气根性	57 号毛群	蜡粉带
大村斑茅	177	1.50	144.0	3.8	8.5	大蒲	难	无	多	无

【利用价值】可用作甘蔗育种亲本，用于强分蘖品种的选育。

40. 堡里斑茅

【采集地】广西桂林市永福县堡里镇堡里村。

【类型及分布】属于禾本科蔗茅属，在盆地平坦地带的草地中散生分布。

【特征特性】堡里斑茅的基本特征及优异性状见下表，植株较高，锤度较低，茎大蒲，难脱叶，无气根，57号毛群多，无蜡粉带，耐旱性好。

名称	株高/cm	茎径/cm	叶长/cm	叶宽/cm	锤度/%	空蒲心	脱叶性	气根性	57号毛群	蜡粉带
堡里斑茅	153	0.80	112.0	0.7	8.0	大蒲	难	无	多	无

【利用价值】可用作甘蔗育种亲本，用于耐旱品种的选育。

41. 那塘斑茅

【**采集地**】广西崇左市扶绥县龙头乡那塘村。

【**类型及分布**】属于禾本科蔗茅属，在盆地平坦地带的村边群生分布。

【**特征特性**】那塘斑茅的基本特征及优异性状见下表，植株较矮，锤度低，茎大蒲，难脱叶，无气根，57 号毛群多，无蜡粉带，耐旱性好。

名称	株高 /cm	茎径 /cm	叶长 /cm	叶宽 /cm	锤度 /%	空蒲心	脱叶性	气根性	57 号毛群	蜡粉带
那塘斑茅	127	0.78	91.0	0.9	4.4	大蒲	难	无	多	无

【**利用价值**】可用作甘蔗育种亲本，用于耐旱品种的选育。

42. 渠黎斑茅

【**采集地**】广西崇左市扶绥县渠黎镇渠黎社区。

【**类型及分布**】属于禾本科蔗茅属，在盆地平坦地带的公路边群生分布。

【**特征特性**】渠黎斑茅的基本特征及优异性状见下表，植株矮，茎粗壮，锤度较低，茎中蒲，难脱叶，无气根，57 号毛群多，薄蜡粉带，高抗黑穗病。

名称	株高 /cm	茎径 /cm	叶长 /cm	叶宽 /cm	锤度 /%	空蒲心	脱叶性	气根性	57 号毛群	蜡粉带
渠黎斑茅	92	1.07	117.0	3.4	8.0	中蒲	难	无	多	薄

【**利用价值**】可用作甘蔗育种亲本，用于抗病品种的选育。

43. 栗木斑茅

【采集地】广西桂林市荔浦市东昌镇栗木社区。

【类型及分布】属于禾本科蔗茅属，在盆地平坦地带的草地中群生分布。

【特征特性】栗木斑茅的基本特征及优异性状见下表，植株较矮，茎粗壮，锤度较高，茎大蒲，难脱叶，无气根，57号毛群少，无蜡粉带，分蘖力强。

名称	株高 /cm	茎径 /cm	叶长 /cm	叶宽 /cm	锤度 /%	空蒲心	脱叶性	气根性	57 号毛群	蜡粉带
栗木斑茅	125	1.86	209.0	2.5	10.0	大蒲	难	无	少	无

【利用价值】可用作甘蔗育种亲本，用于强分蘖品种的选育。

44. 两江斑茅

【采集地】广西桂林市荔浦市双江镇两江社区。

【类型及分布】属于禾本科蔗茅属，在盆地起伏地带的灌丛下散生分布。

【特征特性】两江斑茅的基本特征及优异性状见下表，植株较高，茎粗壮，锤度较低，茎大蒲，难脱叶，无气根，57 号毛群较多，无蜡粉带，耐旱性好。

名称	株高 /cm	茎径 /cm	叶长 /cm	叶宽 /cm	锤度 /%	空蒲心	脱叶性	气根性	57 号毛群	蜡粉带
两江斑茅	165	1.72	145.0	3.0	6.0	大蒲	难	无	较多	无

【利用价值】可用作甘蔗育种亲本，用于耐旱品种的选育。

45. 镇洪斑茅

【采集地】广西百色市凌云县泗城镇镇洪村。

【类型及分布】属于禾本科蔗茅属，在丘陵起伏地带的灌丛下群生分布。

【特征特性】镇洪斑茅的基本特征及优异性状见下表，植株高大，茎粗壮，锤度较低，茎中蒲，难脱叶，无气根，57 号毛群较多，薄蜡粉带，宿根性强。

名称	株高 /cm	茎径 /cm	叶长 /cm	叶宽 /cm	锤度 /%	空蒲心	脱叶性	气根性	57 号毛群	蜡粉带
镇洪斑茅	203	1.03	138.0	3.8	6.0	中蒲	难	无	较多	薄

【利用价值】可用作甘蔗育种亲本，用于高产、强宿根品种的选育。

46. 金宝斑茅

【采集地】广西百色市凌云县泗城镇金宝村。

【类型及分布】属于禾本科蔗茅属，在山地起伏地带的山腰上散生分布。

【特征特性】金宝斑茅的基本特征及优异性状见下表，植株矮，茎粗壮，锤度较低，茎大蒲，难脱叶，无气根，57 号毛群多，薄蜡粉带，耐旱性好。

名称	株高 /cm	茎径 /cm	叶长 /cm	叶宽 /cm	锤度 /%	空蒲心	脱叶性	气根性	57 号毛群	蜡粉带
金宝斑茅	70	1.00	168.0	3.7	5.8	大蒲	难	无	多	薄

【利用价值】可用作甘蔗育种亲本，用于耐旱品种的选育。

47. 同乐斑茅

【采集地】广西桂林市恭城瑶族自治县恭城镇同乐村。

【类型及分布】属于禾本科蔗茅属，在山地起伏地带的草地中散生分布。

【特征特性】同乐斑茅的基本特征及优异性状见下表，植株高大，茎粗壮，锤度较高，茎大蒲，难脱叶，无气根，57号毛群较多，薄蜡粉带，宿根性强。

名称	株高/cm	茎径/cm	叶长/cm	叶宽/cm	锤度/%	空蒲心	脱叶性	气根性	57号毛群	蜡粉带
同乐斑茅	514	1.45	143.5	5.2	10.0	大蒲	难	无	较多	薄

【利用价值】可用作甘蔗育种亲本，用于高产、强宿根品种的选育。

48. 陶马坪斑茅

【采集地】广西桂林市恭城瑶族自治县平安镇陶马坪村。

【类型及分布】属于禾本科蔗茅属，在山地坑洼地带的湖边散生分布。

【特征特性】陶马坪斑茅的基本特征及优异性状见下表，植株较矮，茎粗壮，锤度较低，茎大蒲，难脱叶，无气根，57号毛群较多，薄蜡粉带，耐旱耐瘠。

名称	株高/cm	茎径/cm	叶长/cm	叶宽/cm	锤度/%	空蒲心	脱叶性	气根性	57号毛群	蜡粉带
陶马坪斑茅	145	1.01	133.0	2.0	9.0	大蒲	难	无	较多	薄

【利用价值】可用作甘蔗育种亲本，用于耐旱品种的选育。

49. 白羊斑茅

【采集地】广西桂林市恭城瑶族自治县嘉会镇白羊村。

【类型及分布】属于禾本科蔗茅属，在山地坑洼地带的河滩上散生分布。

【特征特性】白羊斑茅的基本特征及优异性状见下表，植株较矮，锤度较低，茎大蒲，难脱叶，无气根，57 号毛群较多，薄蜡粉带，分蘖力强。

名称	株高/cm	茎径/cm	叶长/cm	叶宽/cm	锤度/%	空蒲心	脱叶性	气根性	57 号毛群	蜡粉带
白羊斑茅	118	0.97	167.5	2.8	6.0	大蒲	难	无	较多	薄

【利用价值】可用作甘蔗育种亲本，用于强分蘖品种的选育。

50. 龙虎斑茅

【采集地】广西桂林市恭城瑶族自治县龙虎乡龙虎村。

【类型及分布】属于禾本科蔗茅属，在山地起伏地带的山腰上散生分布。

【特征特性】龙虎斑茅的基本特征及优异性状见下表，植株较矮，锤度较低，茎中蒲，难脱叶，有气根，57号毛群较多，薄蜡粉带，耐旱耐瘠。

名称	株高/cm	茎径/cm	叶长/cm	叶宽/cm	锤度/%	空蒲心	脱叶性	气根性	57号毛群	蜡粉带
龙虎斑茅	147	0.95	136.9	2.1	8.0	中蒲	难	有	较多	薄

【利用价值】可用作甘蔗育种亲本，用于耐旱品种的选育。

51. 三合斑茅

【采集地】广西桂林市恭城瑶族自治县西岭镇三合村。

【类型及分布】属于禾本科蔗茅属，在盆地平坦地带的草地中群生分布。

【特征特性】三合斑茅的基本特征及优异性状见下表，植株较高，锤度较低，茎中蒲，难脱叶，有气根，57号毛群多，无蜡粉带，宿根性强。

名称	株高/cm	茎径/cm	叶长/cm	叶宽/cm	锤度/%	空蒲心	脱叶性	气根性	57号毛群	蜡粉带
三合斑茅	180	0.98	153.0	2.6	8.5	中蒲	难	有	多	无

【利用价值】可用作甘蔗育种亲本，用于强宿根品种的选育。

52. 石头斑茅

【采集地】广西桂林市恭城瑶族自治县栗木镇石头村。

【类型及分布】属于禾本科蔗茅属，在山地坑洼地带的草地中散生分布。

【特征特性】石头斑茅的基本特征及优异性状见下表，植株矮，锤度较低，茎中蒲，难脱叶，无气根，57 号毛群少，厚蜡粉带，高抗黑穗病。

名称	株高 /cm	茎径 /cm	叶长 /cm	叶宽 /cm	锤度 /%	空蒲心	脱叶性	气根性	57 号毛群	蜡粉带
石头斑茅	64	0.76	135.0	0.9	7.2	中蒲	难	无	少	厚

【利用价值】可用作甘蔗育种亲本，用于抗病品种的选育。

53. 大合斑茅

【采集地】广西桂林市恭城瑶族自治县栗木镇大合村。

【类型及分布】属于禾本科蔗茅属，在山地起伏地带的灌丛下散生分布。

【特征特性】大合斑茅的基本特征及优异性状见下表，植株较矮，锤度较低，茎大蒲，难脱叶，无气根，57 号毛群较多，无蜡粉带，耐旱耐瘠。

名称	株高 /cm	茎径 /cm	叶长 /cm	叶宽 /cm	锤度 /%	空蒲心	脱叶性	气根性	57 号毛群	蜡粉带
大合斑茅	143	0.89	125.0	1.3	7.0	大蒲	难	无	较多	无

【利用价值】可用作甘蔗育种亲本，用于耐旱品种的选育。

54. 上宅斑茅

【采集地】广西桂林市恭城瑶族自治县栗木镇上宅村。

【类型及分布】属于禾本科蔗茅属，在山地起伏地带的灌丛下散生分布。

【特征特性】上宅斑茅的基本特征及优异性状见下表，植株高大，茎粗壮，锤度较低，茎中蒲，难脱叶，无气根，57 号毛群少，薄蜡粉带，宿根性强。

名称	株高 /cm	茎径 /cm	叶长 /cm	叶宽 /cm	锤度 /%	空蒲心	脱叶性	气根性	57 号毛群	蜡粉带
上宅斑茅	212	1.01	175.0	2.1	8.0	中蒲	难	无	少	薄

【利用价值】可用作甘蔗育种亲本，用于高产、强宿根品种的选育。

55. 三塘斑茅

【采集地】广西柳州市柳城县大埔镇三塘村。

【类型及分布】属于禾本科蔗茅属，在山地起伏地带的山腰上散生分布。

【特征特性】三塘斑茅的基本特征及优异性状见下表，植株较矮，茎粗壮，锤度低，茎大蒲，难脱叶，无气根，57 号毛群多，无蜡粉带，宿根性强。

名称	株高 /cm	茎径 /cm	叶长 /cm	叶宽 /cm	锤度 /%	空蒲心	脱叶性	气根性	57 号毛群	蜡粉带
三塘斑茅	140	1.19	182.0	3.2	4.0	大蒲	难	无	多	无

【利用价值】可用作甘蔗育种亲本，用于强宿根品种的选育。

56. 码头斑茅

【采集地】广西柳州市柳城县龙头镇码头村。

【类型及分布】属于禾本科蔗茅属，在丘陵起伏地带的草地中群生分布。

【特征特性】码头斑茅的基本特征及优异性状见下表，植株高大，茎粗壮，锤度较低，茎大蒲，难脱叶，无气根，57 号毛群多，无蜡粉带，宿根性强。

名称	株高 /cm	茎径 /cm	叶长 /cm	叶宽 /cm	锤度 /%	空蒲心	脱叶性	气根性	57 号毛群	蜡粉带
码头斑茅	282	1.47	155.0	2.9	8.0	大蒲	难	无	多	无

【利用价值】可用作甘蔗育种亲本，用于高产、强宿根品种的选育。

57. 西岸斑茅

【采集地】广西柳州市柳城县太平镇西岸村。

【类型及分布】属于禾本科蔗茅属，在山地起伏地带的公路旁散生分布。

【特征特性】西岸斑茅的基本特征及优异性状见下表，植株较高，茎粗壮，锤度较高，茎大蒲，难脱叶，无气根，57 号毛群多，无蜡粉带，耐旱耐瘠。

名称	株高 /cm	茎径 /cm	叶长 /cm	叶宽 /cm	锤度 /%	空蒲心	脱叶性	气根性	57 号毛群	蜡粉带
西岸斑茅	196	1.05	180.0	3.4	10.0	大蒲	难	无	多	无

【利用价值】可用作甘蔗育种亲本，用于耐旱品种的选育。

58. 东泉斑茅

【**采集地**】广西柳州市柳城县东泉镇华侨农场。

【**类型及分布**】属于禾本科蔗茅属，在丘陵平坦地带的池塘边散生分布。

【**特征特性**】东泉斑茅的基本特征及优异性状见下表，植株高大，茎粗壮，锤度较低，茎中蒲，难脱叶，无气根，57 号毛群多，无蜡粉带，分蘖力强。

名称	株高 /cm	茎径 /cm	叶长 /cm	叶宽 /cm	锤度 /%	空蒲心	脱叶性	气根性	57 号毛群	蜡粉带
东泉斑茅	219	1.28	113.0	3.4	8.0	中蒲	难	无	多	无

【**利用价值**】可用作甘蔗育种亲本，用于高产、强分蘖品种的选育。

59. 横山斑茅

【采集地】广西柳州市柳城县马山镇横山村。

【类型及分布】属于禾本科蔗茅属，在山地起伏地带的公路旁散生分布。

【特征特性】横山斑茅的基本特征及优异性状见下表，植株较矮，茎粗壮，锤度较高，茎中蒲，难脱叶，无气根，57 号毛群多，无蜡粉带，宿根性强。

名称	株高 /cm	茎径 /cm	叶长 /cm	叶宽 /cm	锤度 /%	空蒲心	脱叶性	气根性	57 号毛群	蜡粉带
横山斑茅	130	1.30	135.0	3.5	11.0	中蒲	难	无	多	无

【利用价值】可用作甘蔗育种亲本，用于强宿根品种的选育。

60. 大岩垌斑茅

【采集地】广西柳州市柳城县古砦仫佬族乡大岩垌村。

【类型及分布】属于禾本科蔗茅属，在山地起伏地带的公路旁散生分布。

【特征特性】大岩垌斑茅的基本特征及优异性状见下表，植株较高，茎粗壮，锤度较高，茎大蒲，难脱叶，无气根，57 号毛群多，无蜡粉带，耐旱耐瘠。

名称	株高 /cm	茎径 /cm	叶长 /cm	叶宽 /cm	锤度 /%	空蒲心	脱叶性	气根性	57 号毛群	蜡粉带
大岩垌斑茅	183	1.05	114.0	2.7	10.5	大蒲	难	无	多	无

【利用价值】可用作甘蔗育种亲本，用于耐旱品种的选育。

61. 木呈斑茅

【采集地】广西百色市西林县八达镇木呈村。

【类型及分布】属于禾本科蔗茅属，在山地起伏地带的公路旁散生分布。

【特征特性】木呈斑茅的基本特征及优异性状见下表，植株矮，锤度低，茎大蒲，难脱叶，无气根，57 号毛群较多，薄蜡粉带，耐旱性好。

名称	株高 /cm	茎径 /cm	叶长 /cm	叶宽 /cm	锤度 /%	空蒲心	脱叶性	气根性	57 号毛群	蜡粉带
木呈斑茅	83	0.77	76.0	1.8	4.0	大蒲	难	无	较多	薄

【利用价值】可用作甘蔗育种亲本，用于耐旱品种的选育。

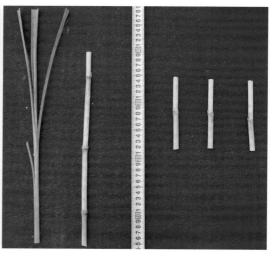

62. 皿帖斑茅

【采集地】广西百色市西林县西平乡皿帖村。

【类型及分布】属于禾本科蔗茅属，在山地起伏地带的田埂上散生分布。

【特征特性】皿帖斑茅的基本特征及优异性状见下表，植株较矮，茎粗壮，锤度低，茎大蒲，难脱叶，无气根，57号毛群少，薄蜡粉带，宿根性强。

名称	株高/cm	茎径/cm	叶长/cm	叶宽/cm	锤度/%	空蒲心	脱叶性	气根性	57号毛群	蜡粉带
皿帖斑茅	135	1.32	107.0	3.5	3.4	大蒲	难	无	少	薄

【利用价值】可用作甘蔗育种亲本，用于强宿根品种的选育。

63. 巴乃斑茅

【采集地】广西防城港市上思县南屏瑶族乡巴乃村。

【类型及分布】属于禾本科蔗茅属，在盆地平坦地带的河谷中群生分布。

【特征特性】巴乃斑茅的基本特征及优异性状见下表，植株高大，茎粗壮，锤度低，茎大蒲，难脱叶，无气根，57号毛群较多，薄蜡粉带，宿根性强。

名称	株高/cm	茎径/cm	叶长/cm	叶宽/cm	锤度/%	空蒲心	脱叶性	气根性	57号毛群	蜡粉带
巴乃斑茅	306	1.85	227.0	3.4	2.0	大蒲	难	无	较多	薄

【利用价值】可用作甘蔗育种亲本，用于高产、强宿根品种的选育。

64. 百南斑茅

【采集地】广西百色市那坡县百南乡百南村。

【类型及分布】属于禾本科蔗茅属，在山地坑洼地带的公路旁散生分布。

【特征特性】百南斑茅的基本特征及优异性状见下表，植株高大，茎粗壮，锤度低，茎大蒲，难脱叶，无气根，57 号毛群少，无蜡粉带，分蘖力强。

名称	株高 /cm	茎径 /cm	叶长 /cm	叶宽 /cm	锤度 /%	空蒲心	脱叶性	气根性	57 号毛群	蜡粉带
百南斑茅	370	1.32	126.0	4.2	3.0	大蒲	难	无	少	无

【利用价值】可用作甘蔗育种亲本，用于高产、强分蘖品种的选育。

65. 宋城斑茅

【采集地】广西崇左市凭祥市友谊镇宋城村。

【类型及分布】属于禾本科蔗茅属，在丘陵平坦地带的公路旁散生分布。

【特征特性】宋城斑茅的基本特征及优异性状见下表，植株高大，茎粗壮，锤度低，茎大蒲，难脱叶，无气根，57 号毛群多，薄蜡粉带，耐旱性好。

名称	株高 /cm	茎径 /cm	叶长 /cm	叶宽 /cm	锤度 /%	空蒲心	脱叶性	气根性	57 号毛群	蜡粉带
宋城斑茅	500	1.46	79.5	1.7	4.8	大蒲	难	无	多	薄

【利用价值】可用作甘蔗育种亲本，用于高产、耐旱品种的选育。

66. 竹山斑茅

【采集地】广西崇左市凭祥市凭祥镇竹山村。

【类型及分布】属于禾本科蔗茅属，在丘陵平坦地带的公路旁群生分布。

【特征特性】竹山斑茅的基本特征及优异性状见下表，植株高大，茎粗壮，锤度低，茎大蒲，难脱叶，无气根，57 号毛群较多，薄蜡粉带，分蘖力强。

名称	株高 /cm	茎径 /cm	叶长 /cm	叶宽 /cm	锤度 /%	空蒲心	脱叶性	气根性	57 号毛群	蜡粉带
竹山斑茅	381	1.20	73.0	1.6	3.0	大蒲	难	无	较多	薄

【利用价值】可用作甘蔗育种亲本，用于高产、强分蘖品种的选育。

67. 夏桐斑茅

【**采集地**】广西崇左市凭祥市夏石镇夏桐村。

【**类型及分布**】属于禾本科蔗茅属，在山地坑洼地带的农田旁散生分布。

【**特征特性**】夏桐斑茅的基本特征及优异性状见下表，植株高大，茎粗壮，锤度较低，茎大蒲，难脱叶，无气根，57号毛群多，薄蜡粉带，宿根性强。

名称	株高/cm	茎径/cm	叶长/cm	叶宽/cm	锤度/%	空蒲心	脱叶性	气根性	57号毛群	蜡粉带
夏桐斑茅	282	1.05	107.0	2.2	6.4	大蒲	难	无	多	薄

【**利用价值**】可用作甘蔗育种亲本，用于高产、强宿根品种的选育。

68. 上石斑茅

【采集地】广西崇左市凭祥市上石镇上石社区。

【类型及分布】属于禾本科蔗茅属，在山地坑洼地带的草地中散生分布。

【特征特性】上石斑茅的基本特征及优异性状见下表，植株高大，茎粗壮，锤度较低，茎大蒲，难脱叶，无气根，57号毛群少，薄蜡粉带，耐旱性好。

名称	株高 /cm	茎径 /cm	叶长 /cm	叶宽 /cm	锤度 /%	空蒲心	脱叶性	气根性	57 号毛群	蜡粉带
上石斑茅	396	1.56	55.0	1.5	8.0	大蒲	难	无	少	薄

【利用价值】可用作甘蔗育种亲本，用于高产、耐旱品种的选育。

69. 浦东斑茅

【采集地】广西崇左市凭祥市上石镇浦东村。

【类型及分布】属于禾本科蔗茅属，在山地平坦地带的公路旁群生分布。

【特征特性】浦东斑茅的基本特征及优异性状见下表，植株高大，茎粗壮，锤度较低，茎大蒲，难脱叶，无气根，57 号毛群多，无蜡粉带，分蘖力强。

名称	株高 /cm	茎径 /cm	叶长 /cm	叶宽 /cm	锤度 /%	空蒲心	脱叶性	气根性	57 号毛群	蜡粉带
浦东斑茅	320	1.30	82.0	1.8	8.2	大蒲	难	无	多	无

【利用价值】可用作甘蔗育种亲本，用于高产、强分蘖品种的选育。

70. 岩山斑茅

【采集地】广西桂林市灵川县九屋镇岩山村。

【类型及分布】属于禾本科蔗茅属，在平原平坦地带的草地中群生分布。

【特征特性】岩山斑茅的基本特征及优异性状见下表，植株较矮，茎粗壮，锤度较低，茎大蒲，难脱叶，无气根，57号毛群多，薄蜡粉带，耐旱性好，分蘖力强。

名称	株高 /cm	茎径 /cm	叶长 /cm	叶宽 /cm	锤度 /%	空蒲心	脱叶性	气根性	57 号毛群	蜡粉带
岩山斑茅	130	1.18	114.0	1.6	7.4	大蒲	难	无	多	薄

【利用价值】可用作甘蔗育种亲本，用于耐旱、强分蘖品种的选育。

71. 中和斑茅

【采集地】广西河池市宜州区刘三姐镇中和村。

【类型及分布】属于禾本科蔗茅属，在山地坑洼地带的公路旁散生分布。

【特征特性】中和斑茅的基本特征及优异性状见下表，植株较高，茎粗壮，锤度低，茎大蒲，难脱叶，无气根，57号毛群多，无蜡粉带，分蘖力强。

名称	株高/cm	茎径/cm	叶长/cm	叶宽/cm	锤度/%	空蒲心	脱叶性	气根性	57号毛群	蜡粉带
中和斑茅	195	1.70	200.0	4.4	3.0	大蒲	难	无	多	无

【利用价值】可用作甘蔗育种亲本，用于强分蘖品种的选育。

72. 洛东斑茅

【采集地】广西河池市宜州区洛东镇洛东社区。

【类型及分布】属于禾本科蔗茅属，在山地起伏地带的公路旁群生分布。

【特征特性】洛东斑茅的基本特征及优异性状见下表，植株较高，茎粗壮，锤度较低，茎大蒲，难脱叶，无气根，57号毛群多，无蜡粉带，分蘖力强，高抗黑穗病。

名称	株高/cm	茎径/cm	叶长/cm	叶宽/cm	锤度/%	空蒲心	脱叶性	气根性	57号毛群	蜡粉带
洛东斑茅	187	1.10	205.0	3.0	5.0	大蒲	难	无	多	无

【利用价值】可用作甘蔗育种亲本，用于抗病、强分蘖品种的选育。

73. 大安斑茅

【采集地】广西河池市环江毛南族自治县大安乡大安社区。

【类型及分布】属于禾本科蔗茅属，在丘陵起伏地带的河滩边群生分布。

【特征特性】大安斑茅的基本特征及优异性状见下表，植株较高，茎粗壮，锤度低，茎大蒲，难脱叶，无气根，57 号毛群多，无蜡粉带，宿根性强。

名称	株高 /cm	茎径 /cm	叶长 /cm	叶宽 /cm	锤度 /%	空蒲心	脱叶性	气根性	57 号毛群	蜡粉带
大安斑茅	120	1.00	112.0	1.2	4.0	大蒲	难	无	多	无

【利用价值】可用作甘蔗育种亲本，用于强宿根品种的选育。

74. 江口斑茅 2

【采集地】广西柳州市三江侗族自治县高基瑶族乡江口村。

【类型及分布】属于禾本科蔗茅属，在山地坑洼地带的灌丛下群生分布。

【特征特性】江口斑茅 2 的基本特征及优异性状见下表，植株高大，茎粗壮，锤度低，茎大蒲，难脱叶，无气根，57 号毛群多，无蜡粉带，宿根性强。

名称	株高 /cm	茎径 /cm	叶长 /cm	叶宽 /cm	锤度 /%	空蒲心	脱叶性	气根性	57 号毛群	蜡粉带
江口斑茅 2	245	1.30	156.0	2.1	4.2	大蒲	难	无	多	无

【利用价值】可用作甘蔗育种亲本，用于高产、强宿根品种的选育。

75. 斗江斑茅

【采集地】广西柳州市三江侗族自治县斗江镇斗江社区。

【类型及分布】属于禾本科蔗茅属，在山地坑洼地带的池塘边散生分布。

【特征特性】斗江斑茅的基本特征及优异性状见下表，植株高大，茎粗壮，锤度较低，茎大蒲，难脱叶，无气根，57 号毛群多，薄蜡粉带，分蘖力强。

名称	株高 /cm	茎径 /cm	叶长 /cm	叶宽 /cm	锤度 /%	空蒲心	脱叶性	气根性	57 号毛群	蜡粉带
斗江斑茅	260	1.20	180.0	2.3	6.0	大蒲	难	无	多	薄

【利用价值】可用作甘蔗育种亲本，用于高产、强分蘖品种的选育。

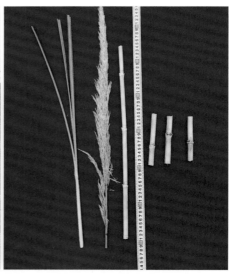

76. 头坪斑茅

【**采集地**】广西柳州市三江侗族自治县程村乡头坪村。

【**类型及分布**】属于禾本科蔗茅属，在平原平坦地带的公路边散生分布。

【**特征特性**】头坪斑茅的基本特征及优异性状见下表，植株较高，茎粗壮，锤度较低，茎大蒲，难脱叶，无气根，57号毛群多，无蜡粉带，耐旱性好。

名称	株高/cm	茎径/cm	叶长/cm	叶宽/cm	锤度/%	空蒲心	脱叶性	气根性	57号毛群	蜡粉带
头坪斑茅	150	1.00	112.0	2.1	8.0	大蒲	难	无	多	无

【**利用价值**】可用作甘蔗育种亲本，用于耐旱品种的选育。

77. 新烟斑茅

【采集地】广西河池市东兰县东兰镇新烟村。

【类型及分布】属于禾本科蔗茅属，在平原平坦地带的草地中散生分布。

【特征特性】新烟斑茅的基本特征及优异性状见下表，植株高大，茎粗壮，锤度较低，茎大蒲，难脱叶，无气根，57号毛群多，无蜡粉带，耐旱性好。

名称	株高/cm	茎径/cm	叶长/cm	叶宽/cm	锤度/%	空蒲心	脱叶性	气根性	57号毛群	蜡粉带
新烟斑茅	320	1.60	120.0	3.3	5.5	大蒲	难	无	多	无

【利用价值】可用作甘蔗育种亲本，用于高产、耐旱品种的选育。

78. 达文斑茅

【采集地】广西河池市东兰县东兰镇达文村。

【类型及分布】属于禾本科蔗茅属，在山地坑洼地带的农田边散生分布。

【特征特性】达文斑茅的基本特征及优异性状见下表，植株高大，茎粗壮，锤度较低，茎大蒲，难脱叶，无气根，57号毛群多，无蜡粉带，分蘖力强。

名称	株高/cm	茎径/cm	叶长/cm	叶宽/cm	锤度/%	空蒲心	脱叶性	气根性	57号毛群	蜡粉带
达文斑茅	400	1.67	88.0	3.2	8.0	大蒲	难	无	多	无

【利用价值】可用作甘蔗育种亲本，用于高产、强分蘖品种的选育。

79. 大平斑茅

【采集地】广西河池市南丹县城关镇大平村。

【类型及分布】属于禾本科蔗茅属，在山地起伏地带的公路旁散生分布。

【特征特性】大平斑茅的基本特征及优异性状见下表，植株高大，茎粗壮，锤度较高，茎大蒲，难脱叶，无气根，57号毛群多，无蜡粉带，宿根性强。

名称	株高 /cm	茎径 /cm	叶长 /cm	叶宽 /cm	锤度 /%	空蒲心	脱叶性	气根性	57 号毛群	蜡粉带
大平斑茅	390	1.49	50.0	3.1	11.4	大蒲	难	无	多	无

【利用价值】可用作甘蔗育种亲本，用于高产、强宿根品种的选育。

80. 立外斑茅

【采集地】广西河池市南丹县月里镇立外村。

【类型及分布】属于禾本科蔗茅属，在山地起伏地带的公路边散生分布。

【特征特性】立外斑茅的基本特征及优异性状见下表，植株高大，茎粗壮，锤度低，茎大蒲，难脱叶，无气根，57号毛群多，无蜡粉带，耐旱性好。

名称	株高/cm	茎径/cm	叶长/cm	叶宽/cm	锤度/%	空蒲心	脱叶性	气根性	57号毛群	蜡粉带
立外斑茅	390	1.26	90.0	3.2	4.4	大蒲	难	无	多	无

【利用价值】可用作甘蔗育种亲本，用于高产、耐旱品种的选育。

第三节 河八王资源

1. 山塘河八王

【采集地】广西贺州市富川瑶族自治县葛坡镇山塘村。

【类型及分布】属于禾本科河八王属，在平原平坦地带的沼泽地散生分布。

【特征特性】山塘河八王的基本特征及优异性状见下表，植株较高，锤度较低，茎大蒲，难脱叶，无气根，无57号毛群，薄蜡粉带，高抗黑穗病。

名称	株高/cm	茎径/cm	叶长/cm	叶宽/cm	锤度/%	空蒲心	脱叶性	气根性	57号毛群	蜡粉带
山塘河八王	159	0.90	89.0	1.9	9.0	大蒲	难	无	无	薄

【利用价值】可用作甘蔗育种亲本，用于抗病品种的选育。

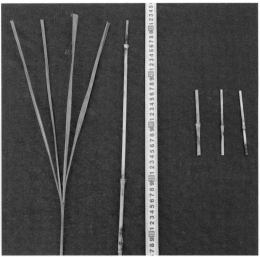

2. 大岭河八王

【采集地】广西贺州市富川瑶族自治县古城镇大岭村。

【类型及分布】属于禾本科河八王属，在平原平坦地带的沼泽地散生分布。

【特征特性】大岭河八王的基本特征及优异性状见下表，植株矮，锤度较高，茎大蒲，难脱叶，无气根，57 号毛群较多，无蜡粉带，宿根性强。

名称	株高 /cm	茎径 /cm	叶长 /cm	叶宽 /cm	锤度 /%	空蒲心	脱叶性	气根性	57 号毛群	蜡粉带
大岭河八王	82	0.82	145.0	2.1	13.5	大蒲	难	无	较多	无

【利用价值】可用作甘蔗育种亲本，用于强宿根品种的选育。

3. 麦岭河八王

【采集地】广西贺州市富川瑶族自治县麦岭镇麦岭村。

【类型及分布】属于禾本科河八王属，在丘陵平坦地带的田埂边散生分布。

【特征特性】麦岭河八王的基本特征及优异性状见下表，植株较矮，锤度较低，茎大蒲，难脱叶，无气根，无 57 号毛群，薄蜡粉带，高抗黑穗病，分蘖力强。

名称	株高 /cm	茎径 /cm	叶长 /cm	叶宽 /cm	锤度 /%	空蒲心	脱叶性	气根性	57 号毛群	蜡粉带
麦岭河八王	142	0.70	79.8	1.0	8.5	大蒲	难	无	无	薄

【利用价值】可用作甘蔗育种亲本，用于抗病、强分蘖品种的选育。

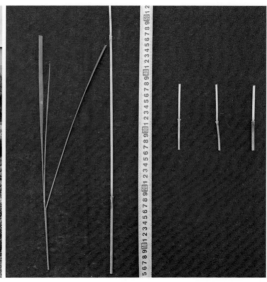

4. 新造河八王

【采集地】广西贺州市富川瑶族自治县麦岭镇新造村。

【类型及分布】属于禾本科河八王属，在山地起伏地带的公路旁群生分布。

【特征特性】新造河八王的基本特征及优异性状见下表，植株矮，锤度高，茎大蒲，难脱叶，无气根，57 号毛群多，无蜡粉带，耐旱性好。

名称	株高 /cm	茎径 /cm	叶长 /cm	叶宽 /cm	锤度 /%	空蒲心	脱叶性	气根性	57 号毛群	蜡粉带
新造河八王	90	0.90	121.0	1.9	17.0	大蒲	难	无	多	无

【利用价值】可用作甘蔗育种亲本，用于高糖、耐旱品种的选育。

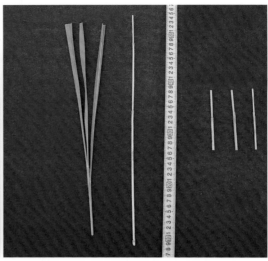

5. 官庄河八王

【采集地】广西柳州市鹿寨县寨沙镇官庄村。

【类型及分布】属于禾本科河八王属，在丘陵坑洼地带的灌丛旁散生分布。

【特征特性】官庄河八王的基本特征及优异性状见下表，植株较矮，茎粗壮，锤度较高，茎大蒲，难脱叶，无气根，57 号毛群较多，薄蜡粉带，耐旱性好。

名称	株高 /cm	茎径 /cm	叶长 /cm	叶宽 /cm	锤度 /%	空蒲心	脱叶性	气根性	57 号毛群	蜡粉带
官庄河八王	130	1.28	115.8	2.3	11.0	大蒲	难	无	较多	薄

【利用价值】可用作甘蔗育种亲本，用于耐旱品种的选育。

6. 河岭河八王

【采集地】广西柳州市鹿寨县寨沙镇河岭村。

【类型及分布】属于禾本科河八王属，在丘陵平坦地带的公路旁散生分布。

【特征特性】河岭河八王的基本特征及优异性状见下表，植株较高，锤度高，茎大蒲，难脱叶，无气根，57号毛群少，薄蜡粉带，高抗黑穗病。

名称	株高 /cm	茎径 /cm	叶长 /cm	叶宽 /cm	锤度 /%	空蒲心	脱叶性	气根性	57号毛群	蜡粉带
河岭河八王	153	0.69	123.0	1.6	15.0	大蒲	难	无	少	薄

【利用价值】可用作甘蔗育种亲本，用于高糖、抗病品种的选育。

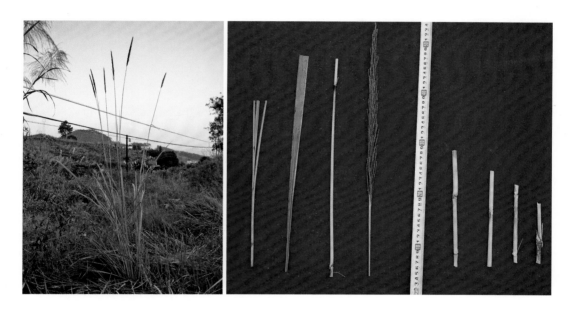

7. 大村河八王

【采集地】广西柳州市鹿寨县鹿寨镇大村村。

【类型及分布】属于禾本科河八王属，在丘陵平坦地带的公路旁散生分布。

【特征特性】大村河八王的基本特征及优异性状见下表，植株较矮，锤度较高，茎大蒲，难脱叶，无气根，57号毛群多，薄蜡粉带，高抗黑穗病。

名称	株高 /cm	茎径 /cm	叶长 /cm	叶宽 /cm	锤度 /%	空蒲心	脱叶性	气根性	57号毛群	蜡粉带
大村河八王	121	0.83	110.0	2.4	13.0	大蒲	难	无	多	薄

【利用价值】可用作甘蔗育种亲本，用于抗病品种的选育。

8. 石龙河八王

【采集地】广西柳州市鹿寨县平山镇石龙村。

【类型及分布】属于禾本科河八王属，在丘陵平坦地带的公路旁散生分布。

【特征特性】石龙河八王的基本特征及优异性状见下表，植株较矮，锤度较高，茎大蒲，难脱叶，无气根，57 号毛群多，薄蜡粉带，高抗黑穗病，分蘖力强。

名称	株高 /cm	茎径 /cm	叶长 /cm	叶宽 /cm	锤度 /%	空蒲心	脱叶性	气根性	57 号毛群	蜡粉带
石龙河八王	123	0.69	124.3	1.2	11.0	大蒲	难	无	多	薄

【利用价值】可用作甘蔗育种亲本，用于抗病、强分蘖品种的选育。

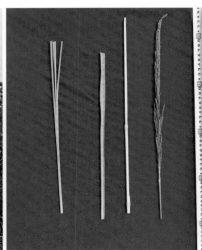
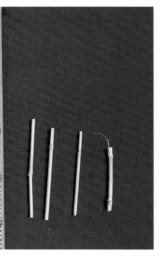

9. 六脉河八王

【采集地】广西柳州市鹿寨县黄冕镇六脉村。

【类型及分布】属于禾本科河八王属，在平原平坦地带的田埂边散生分布。

【特征特性】六脉河八王的基本特征及优异性状见下表，植株较矮，锤度高，茎大蒲，难脱叶，无气根，无 57 号毛群，无蜡粉带，耐旱性好。

名称	株高 /cm	茎径 /cm	叶长 /cm	叶宽 /cm	锤度 /%	空蒲心	脱叶性	气根性	57 号毛群	蜡粉带
六脉河八王	101	0.49	94.3	1.3	17.4	大蒲	难	无	无	无

【利用价值】可用作甘蔗育种亲本，用于高糖、耐旱品种的选育。

10. 文明河八王

【采集地】广西桂林市永福县三皇镇文明村。

【类型及分布】属于禾本科河八王属，在平原平坦地带的公路旁散生分布。

【特征特性】文明河八王的基本特征及优异性状见下表，植株较高，锤度较高，茎大蒲，难脱叶，无气根，57 号毛群多，无蜡粉带，高抗黑穗病，分蘖力强。

名称	株高 /cm	茎径 /cm	叶长 /cm	叶宽 /cm	锤度 /%	空蒲心	脱叶性	气根性	57 号毛群	蜡粉带
文明河八王	197	0.65	145.2	1.4	14.0	大蒲	难	无	多	无

【利用价值】可用作甘蔗育种亲本，用于抗病、强分蘖品种的选育。

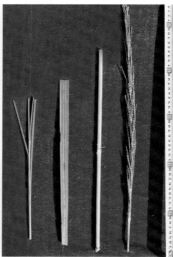

11. 江头河八王

【采集地】广西桂林市永福县三皇镇江头村。

【类型及分布】属于禾本科河八王属，在平原平坦地带的小溪旁散生分布。

【特征特性】江头河八王的基本特征及优异性状见下表，植株矮，锤度较高，茎大蒲，难脱叶，无气根，57号毛群多，厚蜡粉带，分蘖力强，宿根性强。

名称	株高/cm	茎径/cm	叶长/cm	叶宽/cm	锤度/%	空蒲心	脱叶性	气根性	57号毛群	蜡粉带
江头河八王	94	0.75	121.0	0.7	10.6	大蒲	难	无	多	厚

【利用价值】可用作甘蔗育种亲本，用于强分蘖、强宿根品种的选育。

12. 岭桥河八王

【采集地】广西桂林市永福县罗锦镇岭桥村。

【类型及分布】属于禾本科河八王属，在平原平坦地带的公路旁散生分布。

【特征特性】岭桥河八王的基本特征及优异性状见下表，植株较矮，锤度高，茎大蒲，难脱叶，无气根，无 57 号毛群，薄蜡粉带，高抗黑穗病。

名称	株高 /cm	茎径 /cm	叶长 /cm	叶宽 /cm	锤度 /%	空蒲心	脱叶性	气根性	57 号毛群	蜡粉带
岭桥河八王	123	0.62	129.0	1.0	15.6	大蒲	难	无	无	薄

【利用价值】可用作甘蔗育种亲本，用于高糖、抗病品种的选育。

13. 太平河八王

【采集地】广西桂林市永福县苏桥镇太平村。

【类型及分布】属于禾本科河八王属，在丘陵平坦地带的田埂边散生分布。

【特征特性】太平河八王的基本特征及优异性状见下表，植株较高，锤度较高，茎大蒲，难脱叶，无气根，57 号毛群多，薄蜡粉带，耐旱性好，分蘖力强。

名称	株高 /cm	茎径 /cm	叶长 /cm	叶宽 /cm	锤度 /%	空蒲心	脱叶性	气根性	57 号毛群	蜡粉带
太平河八王	163	0.45	117.0	1.5	14.0	大蒲	难	无	多	薄

【利用价值】可用作甘蔗育种亲本，用于耐旱、强分蘖品种的选育。

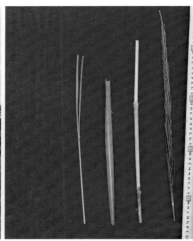
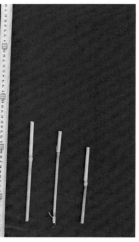

14. 下良河八王

【采集地】广西柳州市融安县桥板乡下良村。

【类型及分布】属于禾本科河八王属，在山地坑洼地带的田埂边散生分布。

【特征特性】下良河八王的基本特征及优异性状见下表，植株较高，锤度较高，茎大蒲，难脱叶，无气根，无 57 号毛群，无蜡粉带，耐旱耐瘠，宿根性强。

名称	株高 /cm	茎径 /cm	叶长 /cm	叶宽 /cm	锤度 /%	空蒲心	脱叶性	气根性	57 号毛群	蜡粉带
下良河八王	172	0.38	89.0	1.0	10.0	大蒲	难	无	无	无

【利用价值】可用作甘蔗育种亲本，用于耐旱、强宿根品种的选育。

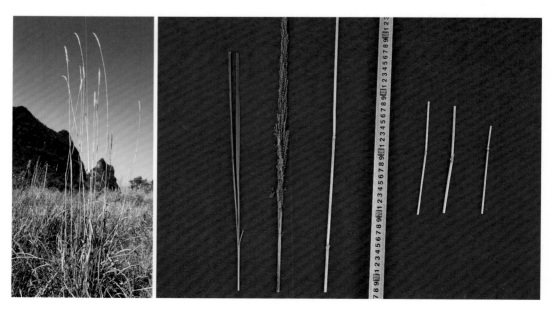

15. 良老河八王

【采集地】广西柳州市融安县桥板乡良老村。

【类型及分布】属于禾本科河八王属，在丘陵平坦地带的田埂旁散生分布。

【特征特性】良老河八王的基本特征及优异性状见下表，植株较高，锤度较高，茎大蒲，难脱叶，无气根，57 号毛群少，无蜡粉带，耐旱耐瘠。

名称	株高 /cm	茎径 /cm	叶长 /cm	叶宽 /cm	锤度 /%	空蒲心	脱叶性	气根性	57 号毛群	蜡粉带
良老河八王	179	0.90	103.0	2.2	14.0	大蒲	难	无	少	无

【利用价值】可用作甘蔗育种亲本，用于耐旱品种的选育。

16. 桥板河八王

【采集地】广西柳州市融安县桥板乡桥板村。

【类型及分布】属于禾本科河八王属，在丘陵平坦地带的田埂旁散生分布。

【特征特性】桥板河八王的基本特征及优异性状见下表，植株高大，锤度较低，茎大蒲，难脱叶，无气根，57 号毛群少，无蜡粉带，耐旱耐瘠。

名称	株高 /cm	茎径 /cm	叶长 /cm	叶宽 /cm	锤度 /%	空蒲心	脱叶性	气根性	57 号毛群	蜡粉带
桥板河八王	204	0.70	68.0	0.7	5.0	大蒲	难	无	少	无

【利用价值】可用作甘蔗育种亲本，用于高产、耐旱品种的选育。

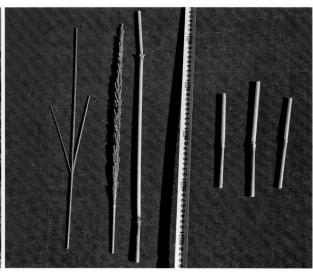

17. 山贝河八王

【采集地】广西柳州市融安县泗顶镇山贝村。

【类型及分布】属于禾本科河八王属，在丘陵平坦地带的小溪旁群生分布。

【特征特性】山贝河八王的基本特征及优异性状见下表，植株较高，锤度较低，茎大蒲，难脱叶，无气根，57 号毛群较多，无蜡粉带，耐旱耐瘠，宿根性强。

名称	株高 /cm	茎径 /cm	叶长 /cm	叶宽 /cm	锤度 /%	空蒲心	脱叶性	气根性	57 号毛群	蜡粉带
山贝河八王	182	0.70	85.0	1.1	9.0	大蒲	难	无	较多	无

【利用价值】可用作甘蔗育种亲本，用于耐旱、强宿根品种的选育。

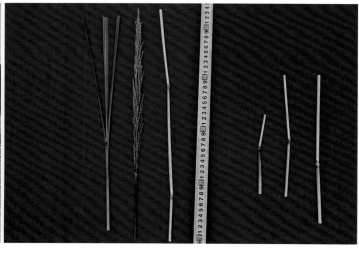

18. 大乐河八王

【采集地】广西柳州市融安县长安镇大乐村。

【类型及分布】属于禾本科河八王属，在丘陵平坦地带的田埂旁群生分布。

【特征特性】大乐河八王的基本特征及优异性状见下表，植株高大，锤度低，茎大蒲，难脱叶，无气根，无57号毛群，无蜡粉带，高抗黑穗病。

名称	株高/cm	茎径/cm	叶长/cm	叶宽/cm	锤度/%	空蒲心	脱叶性	气根性	57号毛群	蜡粉带
大乐河八王	221	0.80	70.0	1.0	4.0	大蒲	难	无	无	无

【利用价值】可用作甘蔗育种亲本，用于高产、抗病品种的选育。

19. 岗伟河八王

【采集地】广西柳州市融安县大坡乡岗伟村。

【类型及分布】属于禾本科河八王属，在丘陵平坦地带的田埂旁群生分布。

【特征特性】岗伟河八王的基本特征及优异性状见下表，植株较高，锤度较高，茎大蒲，难脱叶，无气根，57号毛群多，薄蜡粉带，分蘖力强。

名称	株高/cm	茎径/cm	叶长/cm	叶宽/cm	锤度/%	空蒲心	脱叶性	气根性	57号毛群	蜡粉带
岗伟河八王	161	0.80	118.0	0.9	12.0	大蒲	难	无	多	薄

【利用价值】可用作甘蔗育种亲本，用于强分蘖品种的选育。

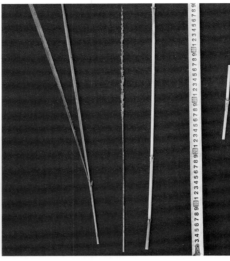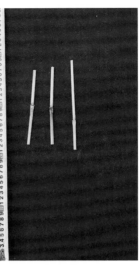

20. 大坡河八王

【采集地】广西柳州市融安县长安镇大坡村。

【类型及分布】属于禾本科河八王属，在盆地平坦地带的田埂旁群生分布。

【特征特性】大坡河八王的基本特征及优异性状见下表，植株较高，锤度较高，茎大蒲，难脱叶，无气根，无 57 号毛群，无蜡粉带，耐旱性好，宿根性强。

名称	株高 /cm	茎径 /cm	叶长 /cm	叶宽 /cm	锤度 /%	空蒲心	脱叶性	气根性	57 号毛群	蜡粉带
大坡河八王	169	0.90	112.0	1.0	11.5	大蒲	难	无	无	无

【利用价值】可用作甘蔗育种亲本，用于耐旱、强宿根品种的选育。

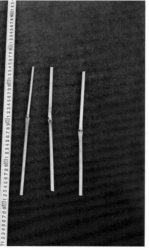

21. 浮石河八王

【**采集地**】广西柳州市融安县浮石镇浮石社区。

【**类型及分布**】属于禾本科河八王属，在丘陵坑洼地带的公路旁散生分布。

【**特征特性**】浮石河八王的基本特征及优异性状见下表，植株高大，锤度较高，茎大蒲，难脱叶，无气根，无 57 号毛群，薄蜡粉带，分蘖力强。

名称	株高 /cm	茎径 /cm	叶长 /cm	叶宽 /cm	锤度 /%	空蒲心	脱叶性	气根性	57 号毛群	蜡粉带
浮石河八王	216	0.90	127.0	1.5	14.0	大蒲	难	无	无	薄

【**利用价值**】可用作甘蔗育种亲本，用于高产、强分蘖品种的选育。

22. 良北河八王

【**采集地**】广西柳州市融安县大良镇良北村。

【**类型及分布**】属于禾本科河八王属，在丘陵平坦地带的田埂旁散生分布。

【**特征特性**】良北河八王的基本特征及优异性状见下表，植株较高，锤度较高，茎大蒲，难脱叶，无气根，无 57 号毛群，无蜡粉带，高抗黑穗病。

名称	株高 /cm	茎径 /cm	叶长 /cm	叶宽 /cm	锤度 /%	空蒲心	脱叶性	气根性	57 号毛群	蜡粉带
良北河八王	190	0.90	97.0	1.2	12.0	大蒲	难	无	无	无

【**利用价值**】可用作甘蔗育种亲本，用于抗病品种的选育。

23. 玉合河八王

【采集地】广西河池市环江毛南族自治县洛阳镇玉合村。

【类型及分布】属于禾本科河八王属，在丘陵平坦地带的公路旁散生分布。

【特征特性】玉合河八王的基本特征及优异性状见下表，植株较高，锤度较高，茎中蒲，难脱叶，无气根，57号毛群多，薄蜡粉带，高抗黑穗病，耐旱性好。

名称	株高/cm	茎径/cm	叶长/cm	叶宽/cm	锤度/%	空蒲心	脱叶性	气根性	57号毛群	蜡粉带
玉合河八王	189	0.50	90.0	1.0	10.2	中蒲	难	无	多	薄

【利用价值】可用作甘蔗育种亲本，用于抗病、耐旱品种的选育。

24. 永安河八王

【**采集地**】广西河池市环江毛南族自治县洛阳镇永安村。

【**类型及分布**】属于禾本科河八王属，在丘陵平坦地带的农田边散生分布。

【**特征特性**】永安河八王的基本特征及优异性状见下表，植株高大，锤度较低，茎大蒲，难脱叶，无气根，57 号毛群多，薄蜡粉带，耐旱性好。

名称	株高 /cm	茎径 /cm	叶长 /cm	叶宽 /cm	锤度 /%	空蒲心	脱叶性	气根性	57 号毛群	蜡粉带
永安河八王	252	0.70	130.0	1.4	8.6	大蒲	难	无	多	薄

【**利用价值**】可用作甘蔗育种亲本，用于高产、耐旱品种的选育。

25. 社村河八王

【**采集地**】广西河池市环江毛南族自治县川山镇社村村。

【**类型及分布**】属于禾本科河八王属，在丘陵平坦地带的公路边散生分布。

【**特征特性**】社村河八王的基本特征及优异性状见下表，植株高大，锤度较高，茎大蒲，难脱叶，无气根，57 号毛群多，薄蜡粉带，高抗黑穗病。

名称	株高 /cm	茎径 /cm	叶长 /cm	叶宽 /cm	锤度 /%	空蒲心	脱叶性	气根性	57 号毛群	蜡粉带
社村河八王	230	0.60	112.0	1.0	10.0	大蒲	难	无	多	薄

【**利用价值**】可用作甘蔗育种亲本，用于高产、抗病品种的选育。

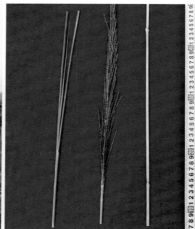
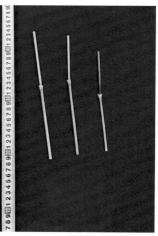

第四节　芒　资　源

1. 黄关芒

【采集地】广西桂林市灌阳县黄关镇黄关村。

【类型及分布】属于禾本科芒属，在山地坑洼地带的公路旁群生分布。

【特征特性】黄关芒的基本特征及优异性状见下表，植株较矮，茎粗壮，锤度较低，茎大蒲，难脱叶，无气根，57 号毛群少，薄蜡粉带，耐旱性好。

名称	株高 /cm	茎径 /cm	叶长 /cm	叶宽 /cm	锤度 /%	空蒲心	脱叶性	气根性	57 号毛群	蜡粉带
黄关芒	128	1.08	119.0	3.8	9.8	大蒲	难	无	少	薄

【利用价值】可用作甘蔗育种亲本，用于耐旱品种的选育。

2. 大田芒

【采集地】广西桂林市资源县瓜里乡大田村。

【类型及分布】属于禾本科芒属，在山地起伏地带的湖边群生分布。

【特征特性】大田芒的基本特征及优异性状见下表，植株高大，锤度较低，茎小蒲，难脱叶，无气根，无 57 号毛群，无蜡粉带，宿根性强。

名称	株高 /cm	茎径 /cm	叶长 /cm	叶宽 /cm	锤度 /%	空蒲心	脱叶性	气根性	57 号毛群	蜡粉带
大田芒	206	0.60	35.0	1.2	8.5	小蒲	难	无	无	无

【利用价值】可用作甘蔗育种亲本，用于高产、强宿根品种的选育。

3. 屏山芒

【采集地】广西南宁市隆安县屏山乡屏山社区。

【类型及分布】属于禾本科芒属，在山地起伏地带的公路旁散生分布。

【特征特性】屏山芒的基本特征及优异性状见下表，植株较高，锤度较低，茎大蒲，难脱叶，无气根，57 号毛群少，厚蜡粉带，耐旱性好，分蘖力强。

名称	株高 /cm	茎径 /cm	叶长 /cm	叶宽 /cm	锤度 /%	空蒲心	脱叶性	气根性	57 号毛群	蜡粉带
屏山芒	113	0.72	86.0	2.4	8.0	大蒲	难	无	少	厚

【利用价值】可用作甘蔗育种亲本，用于耐旱、强分蘖品种的选育。

4. 和平芒

【采集地】广西桂林市龙胜各族自治县龙脊镇和平村。

【类型及分布】属于禾本科芒属，在山地坑洼地带的乱石滩散生分布。

【特征特性】和平芒的基本特征及优异性状见下表，植株较高，锤度较低，茎大空，难脱叶，无气根，57号毛群少，薄蜡粉带，耐旱性好，分蘖力强。

名称	株高/cm	茎径/cm	叶长/cm	叶宽/cm	锤度/%	空蒲心	脱叶性	气根性	57号毛群	蜡粉带
和平芒	165	0.69	116.0	2.4	6.1	大空	难	无	少	薄

【利用价值】可用作甘蔗育种亲本，用于耐旱、强分蘖品种的选育。

5. 凤岗芒

【采集地】广西桂林市荔浦市新坪镇凤岗村。

【类型及分布】属于禾本科芒属，在山地坑洼地带的草地中散生分布。

【特征特性】凤岗芒的基本特征及优异性状见下表，植株较高，茎粗壮，锤度较低，茎中蒲，难脱叶，无气根，无57号毛群，厚蜡粉带，分蘖力强。

名称	株高/cm	茎径/cm	叶长/cm	叶宽/cm	锤度/%	空蒲心	脱叶性	气根性	57号毛群	蜡粉带
凤岗芒	162	1.08	96.4	4.1	8.2	中蒲	难	无	无	厚

【利用价值】可用作甘蔗育种亲本，用于强分蘖品种的选育。

第五节　果　蔗　资　源

1. 江宁果蔗

【采集地】广西玉林市博白县江宁镇江宁村。

【类型及分布】属于禾本科甘蔗属，在平原平坦地带的田埂边群生分布。

【特征特性】江宁果蔗的基本特征及优异性状见下表，植株较高，茎粗壮，锤度高，茎实心，易脱叶，有气根，57号毛群少，薄蜡粉带。

名称	株高/cm	茎径/cm	叶长/cm	叶宽/cm	锤度/%	空蒲心	脱叶性	气根性	57号毛群	蜡粉带
江宁果蔗	248	3.39	118.0	8.2	17.4	无	易	有	少	薄

【利用价值】可用作甘蔗育种亲本，用于高糖、大茎品种的选育。

2. 规迪玉蔗

【采集地】广西百色市那坡县百南乡规迪村。

【类型及分布】属于禾本科甘蔗属，在盆地平坦地带的公路旁群生分布。

【特征特性】规迪玉蔗的基本特征及优异性状见下表，植株高大，茎粗壮，锤度高，茎实心，易脱叶，无气根，57号毛群少，薄蜡粉带。

名称	株高/cm	茎径/cm	叶长/cm	叶宽/cm	锤度/%	空蒲心	脱叶性	气根性	57号毛群	蜡粉带
规迪玉蔗	316	3.68	122.0	7.3	18.4	无	易	无	少	薄

【利用价值】可用作甘蔗育种亲本，用于高产、高糖、大茎品种的选育。

3. 钦能果蔗

【采集地】广西河池市东兰县泗孟乡钦能村。

【类型及分布】属于禾本科甘蔗属，在盆地平坦地带的农田边群生分布。

【特征特性】钦能果蔗的基本特征及优异性状见下表，植株较高，茎粗壮，锤度高，茎实心，易脱叶，无气根，57 号毛群少，薄蜡粉带。

名称	株高 /cm	茎径 /cm	叶长 /cm	叶宽 /cm	锤度 /%	空蒲心	脱叶性	气根性	57 号毛群	蜡粉带
钦能果蔗	216	3.03	135.0	6.5	19.5	无	易	无	少	薄

【利用价值】可用作甘蔗育种亲本，用于高糖、大茎品种的选育。

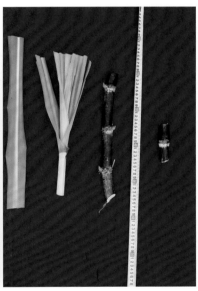

4. 高德果蔗

【采集地】广西南宁市马山县林圩镇高德村。

【类型及分布】属于禾本科甘蔗属，在山地坑洼地带的农田边群生分布。

【特征特性】高德果蔗的基本特征及优异性状见下表，植株较高，茎粗壮，锤度高，茎实心，易脱叶，无气根，57 号毛群多，薄蜡粉带。

名称	株高 /cm	茎径 /cm	叶长 /cm	叶宽 /cm	锤度 /%	空蒲心	脱叶性	气根性	57 号毛群	蜡粉带
高德果蔗	248	3.27	157.0	5.3	18.2	无	易	无	多	薄

【利用价值】可用作甘蔗育种亲本，用于高糖、大茎品种的选育。

5. 大垌果蔗

【采集地】广西玉林市陆川县大桥镇大垌村。

【类型及分布】属于禾本科甘蔗属，在平原平坦地带的村边散生分布。

【特征特性】大垌果蔗的基本特征及优异性状见下表，植株较高，茎粗壮，锤度高，茎小空，易脱叶，无气根，无57号毛群，薄蜡粉带。

名称	株高 /cm	茎径 /cm	叶长 /cm	叶宽 /cm	锤度 /%	空蒲心	脱叶性	气根性	57 号毛群	蜡粉带
大垌果蔗	298	4.19	152	6.3	18.0	小空	易	无	无	薄

【利用价值】可用作甘蔗育种亲本，用于高糖、大茎品种的选育。

参 考 文 献

蔡青，范源洪，等 . 2006. 甘蔗种质资源描述规范和数据标准 . 北京 : 中国农业出版社 .

段维兴，黄玉新，周珊，等 . 2017. 甘蔗与河八王杂交 F_1 对黑穗病的抗性鉴定与初步评价 . 西南农业学报 , 30(7): 1560-1564.

段维兴，张保青，周珊，等 . 2018. 甘蔗与河八王杂交 BC_1 对黑穗病的抗性鉴定与初步评价 . 中国农业大学学报 , 23(3): 29-37.

何顺长，杨清辉，萧凤迥，等 . 1994. 全国甘蔗野生种质资源的采集与考察 . 甘蔗 , 1(1): 11-17.

黄家雍，廖江雄，诸葛莹 . 1997. 甘蔗与河八王、五节芒、滇蔗茅属间交配性及杂种 F_1 无性系的形态学和同工酶分析 . 西南农业学报 , 10(3): 92-96.

黄玉新，罗霆，林秀琴，等 . 2017. 斑茅割手密复合体 (GXAS07-6-1) 及其与甘蔗 F_1 的 GISH 分析 . 植物遗传资源学报 , 18(3): 461-466.

黄玉新，张保青，周珊，等 . 2018. 斑割复合体 BC_1 材料性状的遗传变异与相关分析 . 中国农业大学学报 , 23(7): 19-25.

李杨瑞 . 2010. 现代甘蔗学 . 北京 : 中国农业出版社 : 104-114.

刘晓雪，王新超 . 2018. 2017/18 榨季中国食糖生产形势分析与 2018/19 榨季展望 . 农业展望 , (11): 40-46.

刘新龙，苏火生，马丽，等 . 2010. 基于 rDNA-ITS 序列探讨甘蔗近缘属种的系统进化关系 . 作物学报 , 36(11): 1853-1863.

彭绍光 . 1990. 甘蔗育种学 . 北京 : 农业出版社 : 49-61.

覃蔚谦 . 1995. 广西甘蔗史 . 南宁 : 广西人民出版社 : 1-2.

沈万宽 . 2002. 斑茅的杂交利用价值探讨 . 甘蔗 , 9(3): 1-5.

吴才文，赵培方，夏红明，等 . 2014. 现代甘蔗杂交育种及选择技术 . 北京 : 科学出版社 : 48-79.

于慧，赵南先 . 2004. 甘蔗亚族的地理分布 . 热带亚热带植物学报 , 12(1): 29-35.

张建波，鄢家俊，白史且，等 . 2016. 斑茅与 2 个野生近缘种的亲缘关系研究 . 中国草地学报 , 38(4): 27-41.

张木清，王华忠，白晨，等 . 2006. 糖料作物遗传改良与高效育种 . 北京 : 中国农业出版社 : 48-59.

中国科学院中国植物志编辑委员会 . 1959—2004. 中国植物志 . 北京 : 科学出版社 .

诸葛莹，李荫榆，黄吉森 . 1989. 广西甘蔗种质资源的搜集与利用 . 广西农业科学 , (5): 13-16.

庄南生，郑成木，黄东益，等 . 2005. 甘蔗种质遗传基础的 AFLP 分析 . 作物学报 , 31(4): 444-450.

Daniels J, Roach B T. 1987. A taxonomic listing of *Saccharum* and related genera sugarcane. IJCA Spring Suppl: 16-20.

Grivet L, Daniels C, Glaszmann J, et al. 2004. A review of recent molecular genetics evidence for sugarcane evolution and domestication. Ethnobot Res Appl, (2): 9-17.

索　引

A

矮岭割手密　　　　　　50

B

八好斑茅　　　　　　185
八鲁割手密　　　　　98
八滩斑茅　　　　　　189
巴乃斑茅　　　　　　211
巴乃割手密　　　　　21
巴内割手密　　　　　83
白水斑茅　　　　　　177
白羊斑茅　　　　　　202
百合割手密　　　　　111
百马割手密　　　　　146
百南斑茅　　　　　　212
百南割手密　　　　　15
板登斑茅　　　　　　187
板桂割手密　　　　　107
保良斑茅　　　　　　173
堡里斑茅　　　　　　196
堡里割手密　　　　　55
北江割手密　　　　　117
滨江割手密　　　　　95

C

彩架割手密　　　　　99
彩林割手密　　　　　25
长盛割手密　　　　　62
长塘割手密　　　　　65
朝东割手密　　　　　125
车田斑茅　　　　　　183

车田湾斑茅　　　　　180
车田湾割手密　　　　79
诚谏割手密　　　　　153
葱坪斑茅　　　　　　183

D

达文斑茅　　　　　　221
大安斑茅　　　　　　218
大安割手密　　　　　129
大村斑茅　　　　　　195
大村割手密　　　　　61
大村河八王　　　　　227
大垌果蔗　　　　　　246
大端割手密　　　　　68
大方割手密　　　　　72
大合斑茅　　　　　　205
大江割手密　　　　　166
大乐河八王　　　　　235
大岭割手密　　　　　127
大岭河八王　　　　　224
大柳斑茅　　　　　　187
大年割手密　　　　　73
大平斑茅　　　　　　222
大坡河八王　　　　　236
大滩割手密　　　　　45
大田斑茅　　　　　　176
大田割手密　　　　　76
大田芒　　　　　　　241
大坨斑茅　　　　　　178
大坨割手密　　　　　77
大岩垌斑茅　　　　　209
大阳割手密　　　　　64

大源斑茅	181	光明割手密	45
大兆割手密	65	广安割手密	97
旦村割手密	101	广福割手密	51
德隆割手密	16	规迪割手密	17
顶蚌割手密	135	规迪玉蔗	244
东岸割手密	54	桂龙斑茅	188
东华割手密	69	桂龙割手密	43
东泉斑茅	208	桂平岩斑茅	173
东泉割手密	131	桂平岩割手密	75
东什割手密	112		
东阳割手密	97	**H**	
洞浪割手密	119	和睦割手密 1	74
洞坡割手密	108	和睦割手密 2	122
斗江斑茅	219	和平芒	242
		河村割手密	71
F		河岭河八王	227
法奎割手密	116	河马割手密	87
凤仁割手密	85	横山斑茅	209
枫木斑茅	181	横山割手密	132
凤岗芒	243	红星割手密	137
凤平割手密	151	洪潮割手密	162
伏六割手密	161	洪寨斑茅	192
浮石河八王	237	华兰割手密	22
福龙割手密	63	华善割手密	34
福旺割手密	94	化育割手密	39
富裕割手密	169	黄宝斑茅	179
		黄冲割手密	133
G		黄关斑茅	175
岗伟河八王	235	黄关芒	240
高德果蔗	245	黄龙割手密	123
公正割手密	27	黄冕割手密	67
拱洞斑茅	172	会村割手密	152
共和割手密	33	火星割手密	164
古龙割手密	35		
古乔割手密	33	**J**	
古障割手密	142	鸡岭割手密	121
官洞割手密	77	吉彩割手密	26
官庄河八王	226	吉发割手密	35

江逢割手密	120	两江割手密	96
江口斑茅 1	191	亮山割手密	37
江口斑茅 2	219	林村割手密	56
江口割手密	43	伶兴割手密	104
江宁果蔗	243	岭桥河八王	231
江潭割手密	70	流水割手密	37
江头河八王	230	六丰割手密	155
江岩割手密	55	六局割手密	11
教化割手密	60	六脉割手密	66
介莫割手密	148	六脉河八王	229
金宝斑茅	200	六塘割手密	133
金鸡割手密	151	龙虎斑茅	203
金兰斑茅	171	龙虎割手密	40
九冬割手密	14	龙楼割手密	29
九甫割手密	57	龙母割手密	158
九屋割手密	31	龙头割手密 1	90
俊仁割手密	21	龙头割手密 2	129
		陇正割手密	139
K		螺江割手密	167
堪爱割手密	117	螺田割手密	131
枯叫割手密	19	洛东斑茅	217
枯娄割手密	28		
		M	
L		麻石割手密	73
烂滩割手密	87	马陂割手密	51
乐江斑茅	191	马堤斑茅	194
乐江割手密	44	马山割手密	124
李家斑茅	175	码头斑茅	207
里茶斑茅	189	麦岭河八王	225
立德割手密	149	满洞割手密	93
立外斑茅	223	猫街割手密	141
栗木斑茅	198	梅湾割手密	110
栗木割手密	95	美术割手密	159
莲南割手密	168	孟化斑茅	190
联合割手密	88	民福割手密	81
良北河八王	237	民乐割手密	81
良老河八王	233	民新斑茅	185
两江斑茅	199	民兴割手密	17

皿帖斑茅　211

皿帖割手密　143

明江割手密　47

母姑割手密　82

母鲁割手密　145

木呈斑茅　210

木呈割手密　139

木桐割手密　128

N

那包割手密　23

那宾割手密　135

那兵割手密　119

那布割手密　24

那海割手密　48

那劳割手密　136

那力割手密　102

那良割手密　36

那明割手密　114

那塘斑茅　197

那桃割手密　149

那午割手密　23

那务割手密　143

纳贡割手密　84

南灰割手密　145

泥塘斑茅　195

牛头斑茅　193

弄腾斑茅　186

弄汪割手密　144

P

平怀割手密　99

平孟割手密　49

平山割手密　63

平田割手密　150

平寨割手密　80

坪山割手密　100

屏山芒　241

坡荷割手密　18

浦东斑茅　215

浦田割手密　78

Q

桥板河八王　233

钦能果蔗　245

琴岳割手密　109

清坡割手密　31

渠坤割手密　19

渠黎斑茅　197

渠荣割手密　91

R

仁乡割手密　147

荣方割手密　49

S

三合斑茅　203

三联割手密 1　12

三联割手密 2　93

三排割手密　58

三哨割手密　89

三塘斑茅　206

山贝河八王　234

山荷割手密　111

山塘河八王　223

山圩割手密　92

善村割手密　161

上灌割手密　41

上石斑茅　215

上松割手密　113

上塘斑茅　193

上塘割手密　46

上宅斑茅　205

社村河八王　239

社岭斑茅　182

社岭割手密　13

深坡割手密　121

石龙河八王　228

石头斑茅　204

石溪头斑茅　179

石溪头割手密　79

仕仁割手密　47

双福割手密　38

双江割手密　53

水车割手密　163

水头斑茅　177

水汶割手密 1　153

水汶割手密 2　155

思明割手密　109

思州割手密　113

四合斑茅　170

四合割手密　69

四排割手密　59

泗巷割手密　134

松柏割手密　25

松吉割手密　147

宋城斑茅　213

T

太平河八王　231

太云割手密　154

塘坡割手密　157

桃禾割手密　13

陶马坪斑茅　201

陶马坪割手密　39

同福割手密　83

同乐斑茅　201

桐石割手密　125

头坪斑茅　220

头塘割手密　127

土黄割手密　138

驮邓割手密　115

驮龙割手密　105

W

湾里割手密　52

汪庄割手密　91

伟华割手密　20

委敢斑茅　184

文洞割手密　75

文明河八王　229

X

西岸斑茅　207

西岸割手密　130

西城割手密　165

下间割手密　115

下良河八王　232

下谋割手密　103

下伞割手密　103

夏佳塘割手密　167

夏桐斑茅　214

祥播割手密　85

新丰割手密　137

新江割手密　29

新塘割手密　157

新烟斑茅　221

新造河八王　225

信良割手密　27

兴隆割手密　53

秀凤斑茅　174

Y

岩山斑茅　216

岩山割手密　30

阳月割手密　165

杨溪割手密　41

窑上割手密　61

瑶口斑茅　171

耀达割手密　106

永安割手密 15

永安河八王 239

涌泉割手密 123

幽兰割手密 67

油沐割手密 126

玉保割手密 101

玉合河八王 238

玉河割手密 169

Z

寨沙割手密 1 57

寨沙割手密 2 59

者黑割手密 141

者浪割手密 86

振大割手密 159

镇洪斑茅 199

峙浪割手密 118

峙利割手密 107

中东割手密 89

中和斑茅 217

中良割手密 32

中林割手密 156

中寨割手密 71

周洞割手密 140

周旺割手密 10

洲塘割手密 42

珠连割手密 105

竹山斑茅 213

竹山割手密 11

祝庆割手密 160

总江割手密 163